中国人的家 北风

小鱼科普 组编

中国水利水电出版社
www.waterpub.com.cn
· 北京 ·

图书在版编目（CIP）数据

中国人的家 / 小鱼科普组编. -- 北京 : 中国水利水电出版社, 2021.9
ISBN 978-7-5170-9690-0

Ⅰ. ①中… Ⅱ. ①小… Ⅲ. ①民居－建筑艺术－中国－儿童读物 Ⅳ. ①TU241.5-49

中国版本图书馆CIP数据核字(2021)第124010号

审图号：GS（2021）6816号

书　名　中国人的家
　　　　ZHONGGUOREN DE JIA
作　者　小鱼科普 组编
出版发行　中国水利水电出版社
　　　　（北京市海淀区玉渊潭南路1号D座 100038）
　　　　网址：www.waterpub.com.cn
　　　　E-mail:sales@waterpub.com.cn
　　　　（010）68367658（营销中心）
经　售　北京科水图书营销中心（零售）
　　　　（010）88383994、63202643、68545874
　　　　全国各地新华书店和相关出版物销售网点
印　刷　北京科信印刷有限公司
规　格　297mm×210mm 横16开 10印张（总） 90千字（总）
版　次　2021年9月第1版 2021年9月第1次印刷
总 定 价　158.00元（全两册）

内容提要

本书以尊重历史、传播文化、启迪教育为原则，选取了我国最具代表性的30个传统民居，以绘本形式，从文化、技艺、艺术、环境等多个方面予以详细介绍，并辅以相关知识，使读者可以多角度、全方位了解我国传统民居的特色与内涵，领略“中国人的家”的独特魅力与中国人民的独特智慧，为增强文化自信、传承优秀传统文化打下坚实基础。

编委会

序

对“家”的理解，因人因地因时不同而不同。

甲骨文字形，家，上为“宀”，下为“豕”。屋里养猪，是定居生活的标志，体现了我国古代先人对家可避风雨、食物富足的朴素理想。后来，汉字虽几经演变，但家的字形却基本延续不变，一如中国人家琐碎里始终萦绕的烟火气，一如中国人代代血脉相承的家国情愫。

家的外在，便是居所。这套书便从居所讲起，从原始到现代，从实用到艺术，从科学到文化，个中的内涵需要青少年朋友自己去揣摩和体会。

“一方水土养一方人。”我们的祖国幅员辽阔、地大物博。不同的地理环境、气候特点、江河分布，孕育了丰富多彩的地域文化，进而造就了各式各样、各具特色的中国人的家。据不完全统计，我国现存的中国人的家，也就是传统民居有近600种。

传统民居蕴含着古人与自然和谐相处的哲学，呈现着精妙的工程技艺审美，传承着中华民族优秀文化基因，寄托着中国人对家的拳拳之情。例如在内蒙古海拔高、降水少的草原地区，诞生了拆装方便、适应游牧民族生活的蒙古包；在曾经战乱四起的中原腹地，山西司马第宅院和河南康百万庄园虽相隔数千公里，却都体现了注重防御的特点；在富庶繁华的江淮流域，以安徽春满庭、浙江双美堂为代表的徽州民居更在意的是将自然山水和人工技艺充分融合，达到“天人合一”；在福建的客家人，则建造一种圆楼，所有的房间都朝向位于中心的祖堂，共同的祖先让他们凝聚在一起，荣辱与共。

我们用了三年多的时间，联合清华大学、苏州大学、中国水利水电科学研究院等单位，在全国范围内精心搜集了300余个具有代表性的传统民居和生态环境数据，进行加工整理、分类归纳、数字复原，建设了“中国人的家”网站；精选了30个典型民居，研发了“中国人的家”科普课程，走进中小学课堂和科技场馆；又通过原创手绘、VR漫游和文字讲述，给大家带来了这套《中国人的家》科普图书，分《北风》《南韵》两册。我们还特别制作了传统民居实验教具，使青少年朋友在动手搭建中，更真切感受传统民居的奇妙，更深刻体会什么是中国人的家。

打开这本书，就开启了中国人“家”的探索之旅。让我们一起走进《中国人的家》，让我们一起回家。

营幼峰

中国水利水电出版传媒集团总经理

中国水利水电出版社社长

2021年6月

《中国人的家·北风》

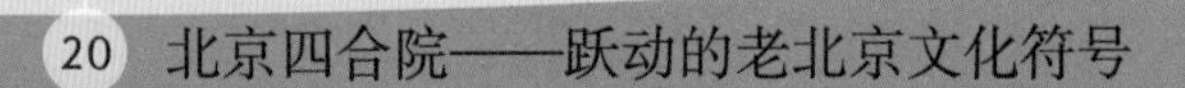

序

《中国人的家·南韵》

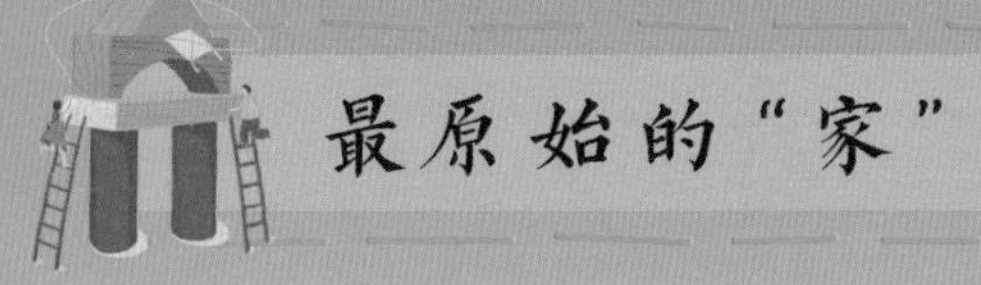

最原始的“家”

原始社会，建筑的发展极其缓慢，我们的祖先从艰难地建造穴居和巢居开始，逐步掌握了建造地面房屋的技术，以满足基本的居住生活需求。

起初，生活在**南方地区**的古人类，为了躲避湿热环境，远离虫兽侵袭，从鸟巢、蜂房等动物巢穴中得到启示，将自己居住的房屋也搭建在了树干上，如同鸟巢一般，因而被称为**“巢居”**。

巢居主要分布在长江流域，一般选择在有水源、可渔猎、方便采集食物的地方。

传说巢居的发明者是上古时代的部落首领有巢氏。

而在**北方地区**，古人类为了适应寒冷环境，以自然洞穴作为栖身之所。当人群不断发展壮大后，一个山洞不再适合居住，人们便要寻找新的山洞，但自然界的山洞是有限的，在无法找到新的山洞时，从山洞的形式中受到启发，他们开始人工挖掘洞穴，这就是**“穴居”**形式的由来。

最原始的“巢居”与“穴居”

洞口较高——阻挡雨水流进洞里、防潮

洞口较小——从而避免日晒雨淋

洞口朝南——避免西北寒风灌入

在共同狩猎与耕作中，古人为了出入方便，将深入地下的穴居逐渐改向地表，而高处的巢居则降低至接近地面。古人们聚集在一起居住，就形成了村落。目前已知最早的村落出现在新石器时代，典型代表为位于北方的半坡遗址和位于南方的河姆渡遗址。

北方黄河流域

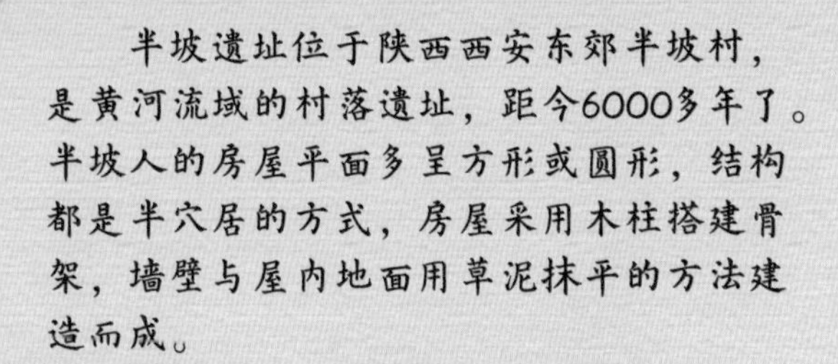

半坡遗址位于陕西西安东郊半坡村，是黄河流域的村落遗址，距今6000多年了。半坡人的房屋平面多呈方形或圆形，结构都是半穴居的方式，房屋采用木柱搭建骨架，墙壁与屋内地面用草泥抹平的方法建造而成。

断崖上的横穴

坡地上的横穴

袋型竖穴

单株巢

聚居而成的传统村落

位于浙江省余姚市河姆渡村东北，是南方早期新石器时代的村落遗址。在这里，考古专家发现了大量长条形干栏式建筑遗迹，即底层架空，带长廊的长屋建筑。这种建筑能适应南方潮湿多雨的气候环境，所以被传承了下来，如今在我国西南地区依然可以见到它们。

半地穴

干栏式建筑

橧巢

多株巢

发展演变中的“家”

夏商周时期

在北方，人们开始在原始的夯土墙基上建造木构架，传统院落民居开始出现，其中最有名的就是河南偃师二里头商代宫殿遗址。

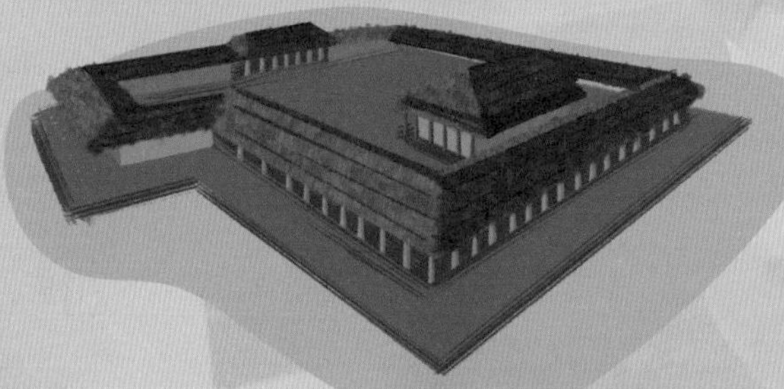

河南偃师二里头商代宫殿遗址

在陕西岐山凤雏村西周遗址，四合院的一些基本形制已具备，如中轴线上设置有影壁，前面为会客的厅堂，后面为居住的卧室，基本和明清时期的四合院布局类似。这也是我国迄今为止已知最早、最严整的四合院实例。

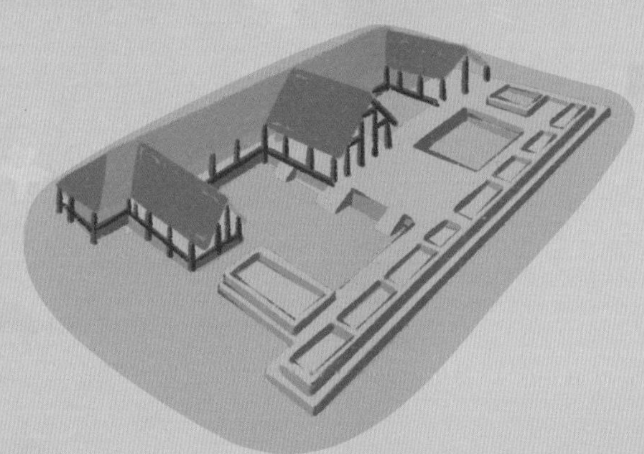

陕西岐山凤雏村西周遗址

秦汉时期

秦汉时期，合院式民居类型呈多样化发展，根据墓葬出土的画像石、明器陶屋等实物来看，出现了三合院、L形住房和围墙形成的口字形院及前后两院形成的日子形院等。

合院式民居

此阶段的另一种创新民居为坞壁，它是在社会动荡时期，富豪家族为了自保，建造起来的防卫性建筑。坞壁四周围墙环绕，前后开门，坞内有望楼，可以在上面望见远处敌人的行踪。

坞壁

唐朝时期

唐朝时期传统民居的形式基以确定下来，由于唐代采用了坊制度，统治者把城市分割为干封闭的“里”作为居住区，业与手工业则限制在一些定时闭的“市”中。因而住宅均被高的围墙环绕，整体呈现出外封闭，内部开敞的特点。

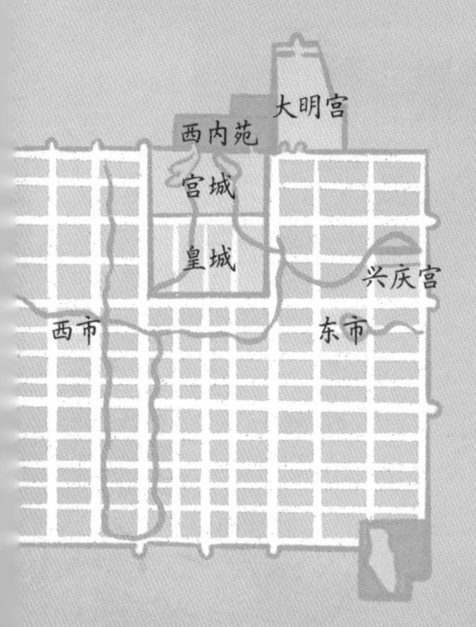

坊制居住区——唐长安城

宋朝时期

由于宋朝时期商业蓬勃发展，街坊制逐渐取代了里坊制，城市布局发生了根本变化，民居外的围墙得以拆除，这使得人们对房屋的设计更加自由灵活，建筑形式也更加丰富了。南宋时期江南住宅园林化，对后世私家园林的建筑产生了较大的影响。

江南园林化住宅

明清时期

明清时期民居发展进入成熟阶段，整体呈现百花齐放的态势。不同的地区出现了各具特色的民居样式，民居装饰成就也达到顶峰。

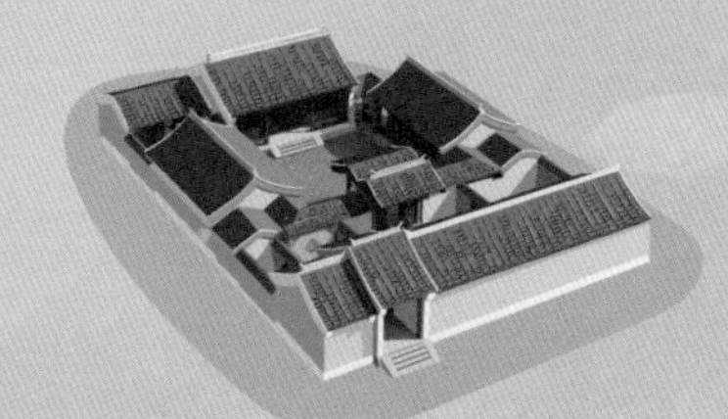

北京四合院

蒙古包

陕西地坑院

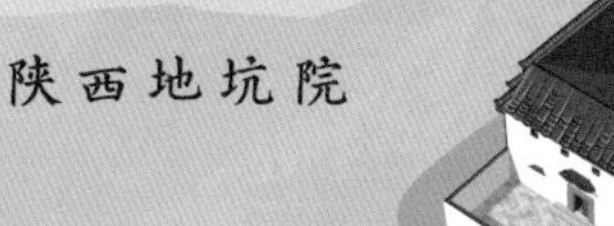

浙江双美堂

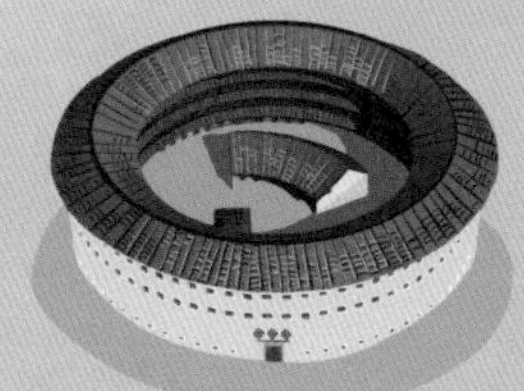

福建土楼

东西南北的“家”

西北地区

西北地区生存条件相对恶劣：天上降雨少、地上河流少，而且气温低，高原常有大风，到处是连片的草原和戈壁。古代，那里以农耕为主的汉族人少，而擅长游牧的民族多。蒙古包就是典型的游牧民族的家，装拆方便利于在不同草场迁移，建筑材料多用动物皮毛和木材，非常实用简洁。

青藏地区

青藏地区的海拔非常高，生态环境脆弱，因此人迹罕至。热烈的色彩、厚重的墙壁以及浓厚的宗教氛围使藏族人的家自成一体、别具特色，如西藏的嘉日孜庄园。青海地区与其他三个地区都有交界，历史上纷争不断，所以这里的房屋都带有很强的防御性，如班玛碉楼，用石头砌筑成了一座带塔楼的碉堡。

北方地区、西北地区、青藏地区

北方地区

北方地区拥有着难得的大平原，黑龙江、海河、黄河等很多大河都流经这个区域，只是降雨有些少，气温低，所以庄稼产量有限。但农耕民族还是可以在这里大展身手，所以北方人的家带着典型的农耕民族特点，他们以家族为主，建造了一座座的四合院，例如北京的四合院。由于天气寒冷，他们特别热爱阳光，房子一定要坐北朝南，墙壁也很厚实。不过，北方地区古代是游牧民族和农耕民族争夺的区域，征战频繁，经济和人口重心逐渐南移，所以北方地区老百姓的家都很朴素，少见奢华。也有大气派的，例如山西沁水的司马第。但你会发现它们防御性很强，高墙耸立、易守难攻。

北方地区的东北部是特例，虽是平原，但天气实在太冷，所以很长时间那里都是大森林和山地草原，生活着游牧渔猎的民族，他们的家和蒙古包有异曲同工之妙，例如黑龙江鄂伦春人的斜仁柱。直到清代以后，汉族人大量迁移过去，东北平原才成为农耕宝地。

往南跨过淮河—秦岭的连线，我们就来到了南方地区，这片区域可真是个好地方，降水充足、河流湖泊众多、气温也适合多种粮食作物生长，水稻可以一年产两季，唯一美中不足的是山地、丘陵多。自然条件好，但相互联系不太方便，所以自成体系的村落很多，例如浙江新叶古村，自己开挖出溪水池塘，有家、宗祠、书院，旁边耕地围绕，是耕读传家的世外桃源。

北方连年征战，一批批的知识分子和劳动群众迁移到南方，带来了丰富多彩的文化和技艺，再与当地本就璀璨的文艺科技相结合，提高了整个地区的经济文化水平。例如安徽古徽州代表民居春满庭，所谓“一生痴绝处、无梦到徽州”，将自然山水和人工技艺充分融合起来，过着令人艳羡的富足日子。

南方地区

比起北方地区，南方地区家的风格更为多元，或精美或壮观。例如客家人在福建建造了有圆有方、体量巨大的土楼，一大家族人聚集而居、对外防御；再比如早早迎来商业经济的广东地区，梅县东华庐规模巨大，真是一片“大豪宅”；再往南还有黎族人的船形屋；跨过海，有中西结合的台湾陈氏家宅，将文化交融在建筑中。

就像北方地区有东北，南方地区的西南部也是个特例。在那里，地势猛然从第一台阶跳到第二台阶，大陆板块撞击和地震造就了好多高耸陡峭的山，比如名号霸气的横断山脉；那里的江河也因地势狂放不羁，数量多、水流急，比如三江并流的金沙江、澜沧江和怒江。所以山多、水长、气候多变，使得西南地区形成一小拨一小拨种类众多的族群，后来逐渐发展成很多少数民族，生活方式、语言文化各有特点，建造的家也各式各样。例如云南哈尼族的阿者科蘑菇房，贵州苗寨干栏式吊脚楼等；迁移定居的汉族人，在适应当地的同时，还倔强地维护着家的形式，例如云南昆明汉族的“一颗印”。

各式各样的“家”· 北风

我们国家是一个地大物博、幅员辽阔的多民族国家，从北到南，从东到西，地质、地貌、气候、生态环境变化很大，各民族的历史背景、文化传统、生活习惯各不相同，因而形成了丰富多彩的地域文化，造就了各种各样中国人的家。古代社会的发展迟缓和交通闭塞，又使这些具有特色的家得以长期保存下来……

本册书里展示了12个北方地区、西北地区及青藏地区具有代表性的“中国人的家”。

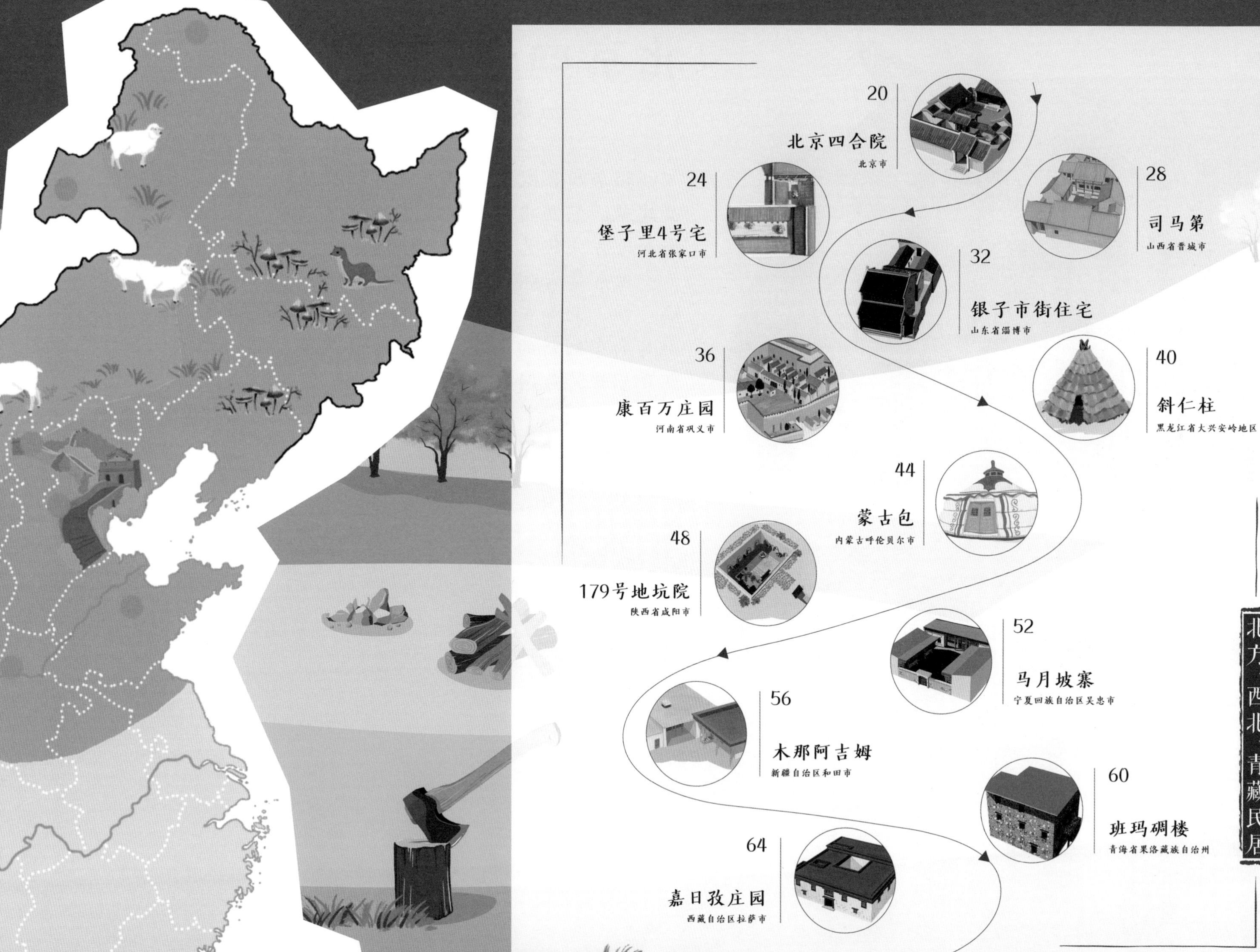

北方、西北、青藏民居

扫描左侧二维码
观看科普视频
聆听绘本音频
欣赏高清图片

北京四合院

——跃动的老北京文化符号

北京四合院是北京人世代居住的主要建筑。它历史悠久，是老北京民风民俗和地方文化艺术的集中体现。

北京是六朝古都，位于华北平原北端，西、北和东北方向被山脉环绕，东南是向东倾斜的平原区，自春秋战国时期开始就是燕国的都城，历史悠久。

分布区域：北方地区
材料结构：砖木结构
建成年代：清代
主要特点：等级分明、秩序井然

老北京风情

冰糖葫芦

糖——糖——葫芦，冰——葫芦……冰糖葫芦的草垛，嘴里吆喝着常有小贩抱着一个扎满了冰糖葫芦又叫糖葫芦，是中国传统小吃。北京的胡同里

兔儿爷

兔儿爷是北京的地方传统手工艺品，每逢中秋节，北京城里的百姓都会供兔儿爷。这一习俗源自明代。

京剧

京剧又称平剧、京戏，是中国影响最大的戏曲剧种，分布地以北京为中心，遍及全国。

四合院类型

四合院主要有一进院落（基本型）、二进院落、三进院落（标准四合院）、大三进院落、四进及四进以上的院落、主次并列式院落、组合型院落等。

院落的“进”是以中轴线上院落的数量来计算的，当进入大门仅有一个院落时称“一进”，如有隔墙或房屋将院落分为两个院子时，称“二进”，以此类推。

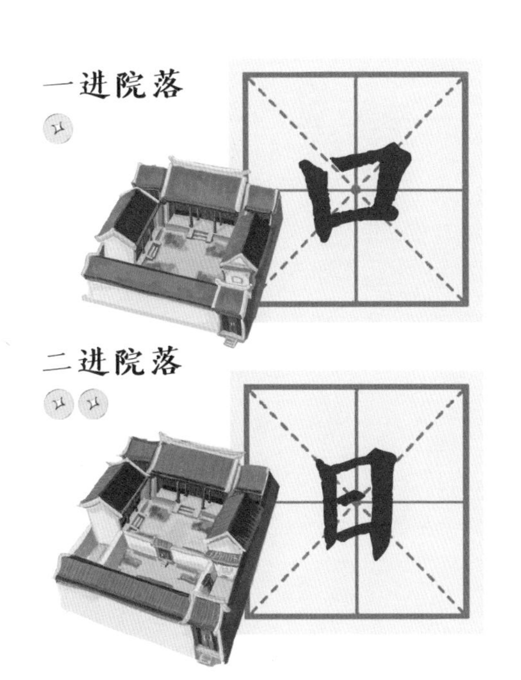

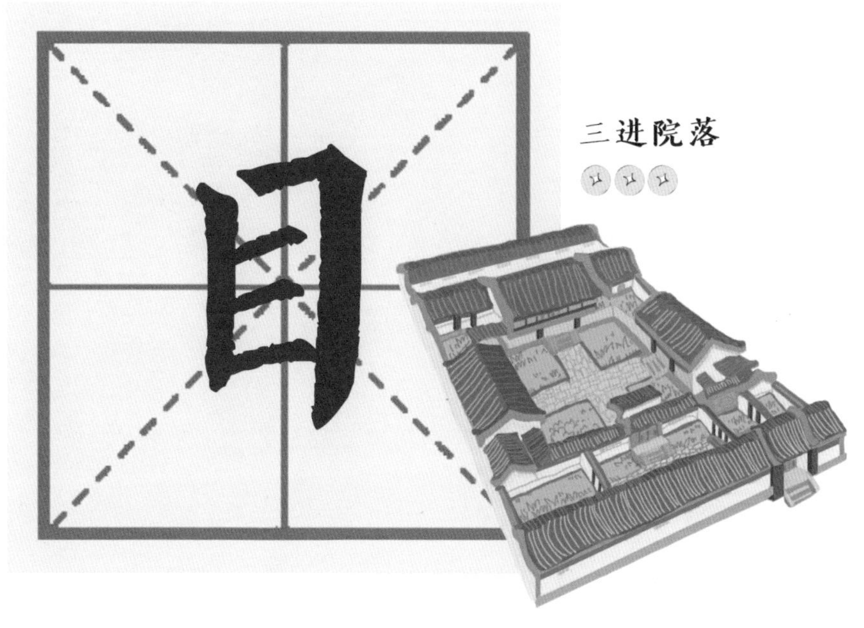

元世祖忽必烈，是大蒙古国第五任可汗，也是元朝开国皇帝。

北京城四合院格局深受元代建都规划设计的影响，忽必烈在规划建设北京城时，将城市以街道和胡同整齐地划分为四四方方的街区里坊，胡同与胡同之间就是大片四合院。随着都城中南北文化交流融合、建房等级制度完善、制砖及建筑技术的发展，四合院逐渐形成我们今天看到的模样。

坐北朝南的三进院是较为典型的四合院格局。院落由南至北，依次为宅门、倒座房、垂花门、东西厢房、正房、后罩房，分别围出了外院、内院、后院三重庭院。

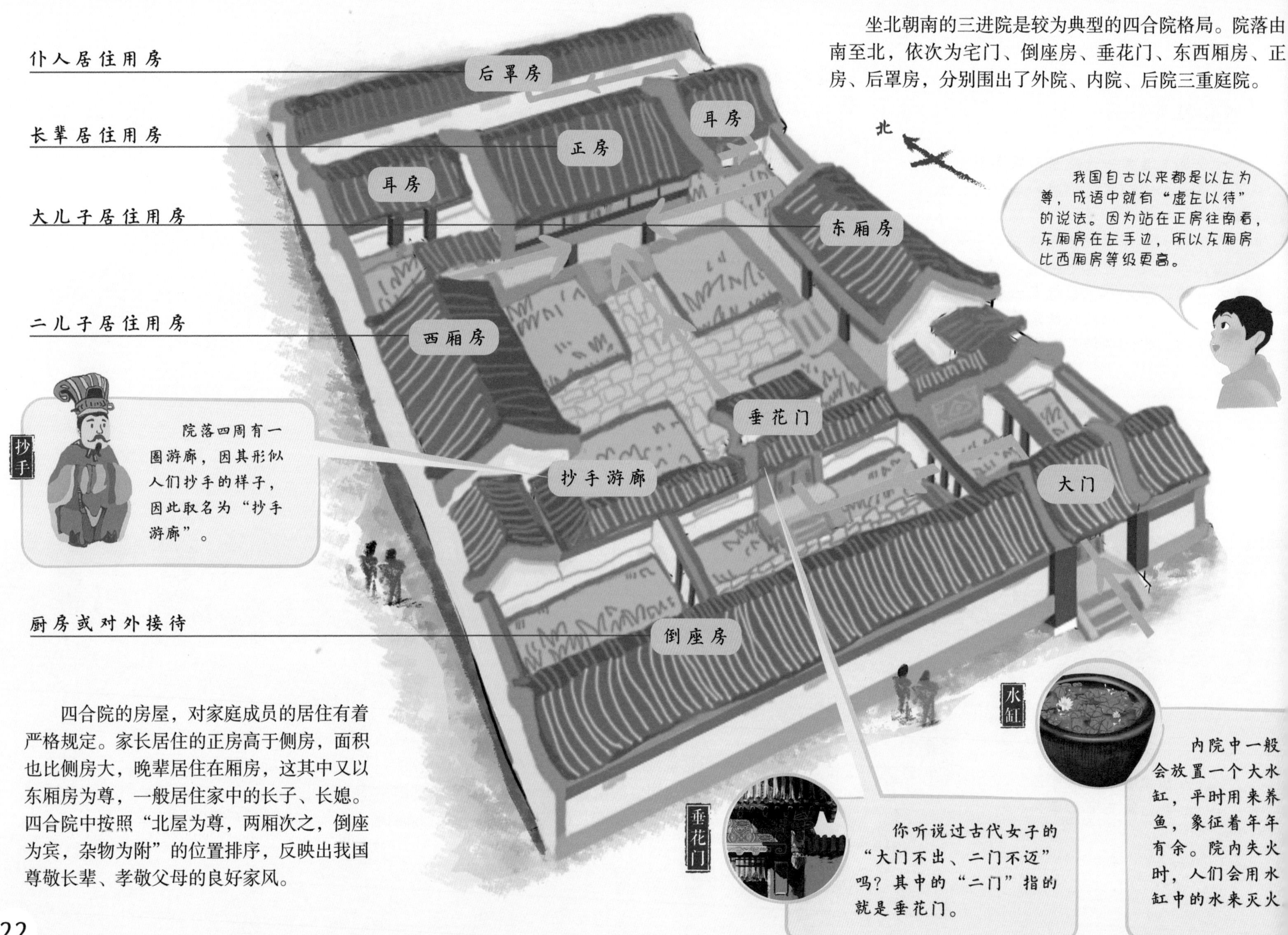
仆人居住用房
后罩房
长辈居住用房
正房
耳房
耳房
大儿子居住用房
东厢房
二儿子居住用房
西厢房
垂花门
抄手游廊
大门
厨房或对外接待
倒座房
北
我国自古以来都是以左为尊，成语中就有“虚左以待”的说法。因为站在正房往南看，东厢房在左手边，所以东厢房比西厢房等级更高。
抄手
院落四周有一圈游廊，因其形似人们抄手的样子，因此取名为“抄手游廊”。
水缸
内院中一般会放置一个大水缸，平时用来养鱼，象征着年年有余。院内失火时，人们会用水缸中的水来灭火
垂花门
你听说过古代女子的“大门不出、二门不迈”吗？其中的“二门”指的就是垂花门。

四合院的房屋，对家庭成员的居住有着严格规定。家长居住的正房高于侧房，面积也比侧房大，晚辈居住在厢房，这其中又以东厢房为尊，一般居住家中的长子、长媳。四合院中按照“北屋为尊，两厢次之，倒座为宾，杂物为附”的位置排序，反映出我国尊敬长辈、孝敬父母的良好家风。

大门

中国的建筑向来等级森严，各种建筑单体，按照主人的身份分为不同等级，就连大门也不例外。

门户规制

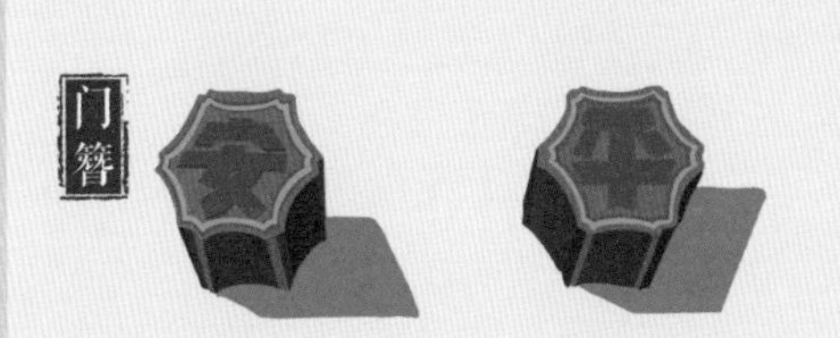

“户对”是置于门楣上或门楣双侧的砖雕、木雕，意在祈求人丁兴旺。其大小与官品职位的高低相关。古时三品以下官宦人家的门上有两个门簪，三品的有四个，二品的有六个，一品的有八个，只有皇帝的皇宫才能有九个，取“九鼎之尊”之意。

“门当”原指宅门前的一对石鼓，又叫抱鼓石。侧面看有方有圆，雕刻异常精美，圆形的部分如竖放的鼓，因此得名。门当除了具有装饰作用，还用于固定门扇。

武官

文官

皇亲国戚

武官的家用圆形的门当，文官的家用方形的门当，皇亲国戚的家用狮子形的门当，所以观察四合院的门当，就可知道这家主人的身份了。

旧时人们常说的“门当户对”就是指门户规制相当，意味着两家社会等级接近。

影壁

影壁具有遮挡外人视线的作用，同时，它也极具装饰性。

立于宅门内，呈“一”字状

作影壁状，依山墙而砌

位于大门或建筑物两侧，呈“八”字状

立于宅门对面，呈“八”字状

扫描左侧二维码

观看科普视频
聆听绘本音频
欣赏高清图片

分布区域：河北省张家口市
材料结构：砖木结构
建成年代：明代
主要特点：军事堡垒

堡子里4号宅

——具有防御功能的院落

堡（当地读bǔ）子里4号宅，位于张家口市堡子里棋盘街，是比较典型的四合院民居。

棋盘街是张家口最早按照军堡规划建设的区域核心地段。张家口堡是张家口市区最早的城堡。张家口市是北京及华北平原沟通内蒙古和山西的要道，是河北省重镇。

大好河山

4号宅分为主院和跨院。主院有五间正房，南北厢房各两组，高度为一层，院落狭长，这样的布局主要是为了在风沙较大的张家口地区避风保暖。

跨院正房也是五间，坐北朝南，正房高度为两层。跨院进深较小，两侧各两间厢房，形制和主院一致。

中国古代木构建筑一般由屋顶、屋身、台基三部分组成。

建筑组成

青筒瓦硬山坡屋顶

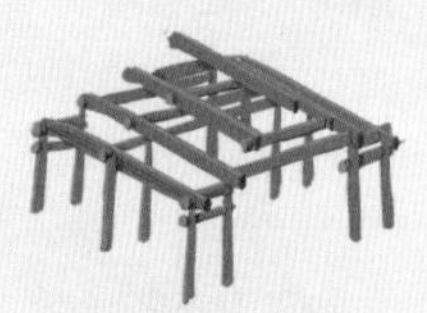

木构抬梁式屋架

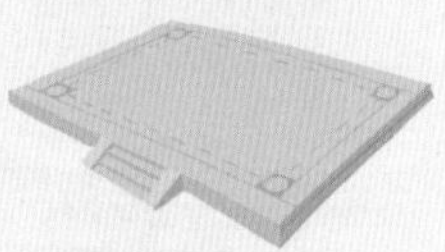

台基为本地青石或花岗岩

大门

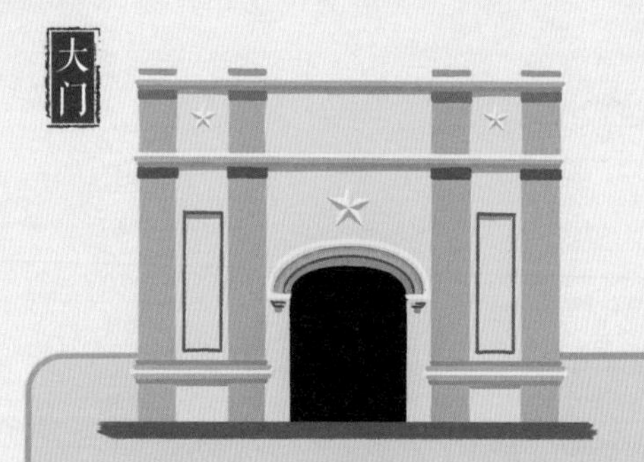

住宅的大门在近代进行了改建，颇有二十世纪七八十年代的特点。位于地块的西南角，正对棋盘街。

正房和倒座房位于主要街道，或与其他院落相邻，进深也更大，为双坡硬山顶。

由于原本作为军事营房，建筑的装饰较为简单。

厢房与邻院厢房背靠在一起，因此多为向内的单坡硬山屋顶，一方面可以避免两栋厢房屋檐在低处相接，形成天沟不利于排水；另一方面还可以收集宝贵的雨水，使得代表财运的水不外流。

张家口堡还有哪些特色建筑？

具有防御功能的院落

玉皇阁，坐落于堡子里北城墙上，毗邻小北门。它是堡子里最高的建筑物！

玉皇阁

抡才书院，建于清光绪四年（1878年）。它是一座保存完整的近代书院，同时也是张家口近代史上第一所大学。

抡才书院

关帝庙

据史籍记载，堡子里不仅有关帝庙，还有千佛寺、奶奶庙、真武庙、城隍庙等50多座寺庙呢！

定将军府

鼓楼 文昌阁 钟楼

大美玉商号

文昌阁，位于堡子里中轴线上。文昌阁的底部有四个门洞，可以通向东南西北各街。

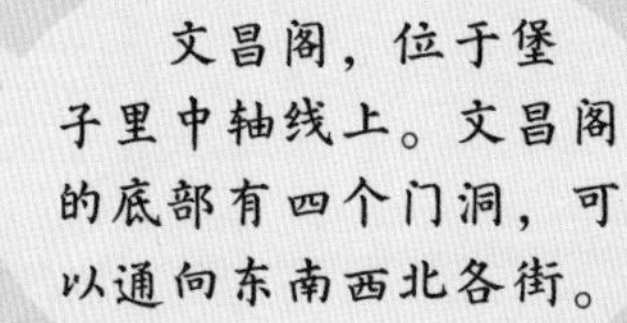

堡子里是全国大中城市中保存最为完整的明清建筑城堡之一，堪称北方民居博物馆。

裕源钱庄

放大镜

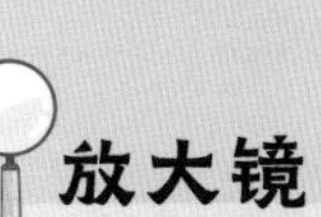
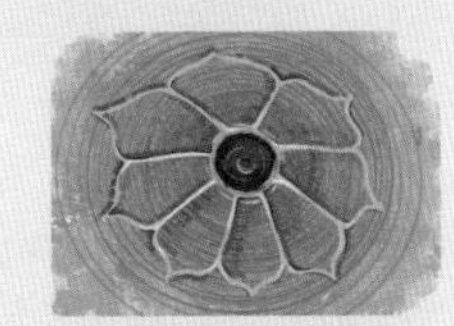

文昌阁门拱顶部

司马第

——明清时期的状元府

司马第坐落于山西省晋城县西文兴村的中心部位，是清代官员的府第。

西文兴村隶属于山西省晋城市沁水县，距今已有600多年的历史。沁水县四面环山，一条沁河纵贯南北。沁河到达沁水县，地势逐渐平缓，形成了大片的河谷台地。这里土地肥沃，气候温暖，水源充裕，促进了农耕经济的发展，提供了良好的生存环境。

斗拱

斗拱是我国民居特有的一种结构，位于立柱和横梁的交界处。从柱子顶上探出的弓形结构叫做“拱”，拱与拱之间垫的方形木块叫“斗”，两者合称“斗拱”。其作用主要有三方面：①将屋顶的压力传送给柱子；②使房檐探出更远；③造型更加美观。后来，斗拱的装饰作用越来越强，越高贵的建筑斗拱也越复杂精美。

司马第大门位于整座宅院的西南一侧，豪华精美，象征着主人的高贵身份。整座大门为牌楼式，柱础至屋脊高近10米，被称为中国古民居中最高的门楼。门楼的屋顶与所在倒座房的屋顶连为一体，由四个方形木柱支撑，梁柱结构非常清晰。木柱顶端的屋檐处有九层斗拱，层叠而上，非常华丽。木柱间可开启门扇高度为2.6米，其上为四层门额，最下层门额书刻“司马第”三字。门楼外有上马台，左右立柱前有夹杆石和两对抱鼓石狮。

春联

春联，由桃符演化而来。桃符是用桃木削成的长条薄板，上画神像或写神的名字，用来避吓邪神恶鬼，后来演变成了对联。因多在春节时张贴，所以也称春联，功能也由驱邪演变为祈求来年幸福好运。

中国古民居中最高的门楼

左右立柱前有夹杆石和两对抱鼓石狮。

《元日》

爆竹声中一岁除，
春风送暖入屠苏，
千门万户曈曈日，
总把新桃换旧符。

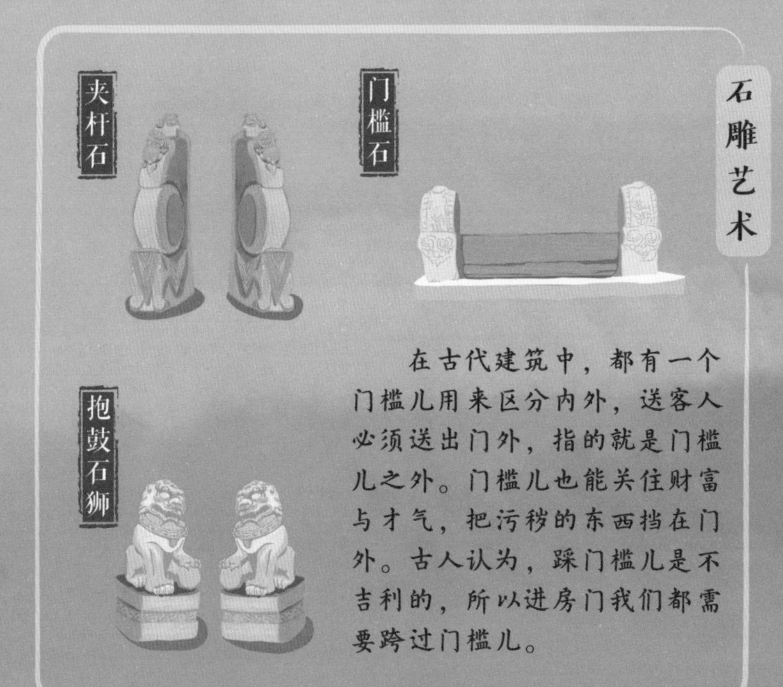

在古代建筑中，都有一个门槛儿用来区分内外，送客人必须送出门外，指的就是门槛儿之外。门槛儿也能关住财富与才气，把污秽的东西挡在门外。古人认为，踩门槛儿是不吉利的，所以进房门我们都需要跨过门槛儿。

司马第宅院大致坐北朝南，在南北向中轴线上，自南而北排列着倒座、正房、后堂。这些房屋都带有左右耳房，组成了十分规整的院落，厅堂正好处于两进院落的中心。

司马第大门位于整座宅院的西南一侧，平时不开，日常通行都从西厢房门进出，因此，此门板背面安装了木栓、铁栓等十二道器具，防范严格。

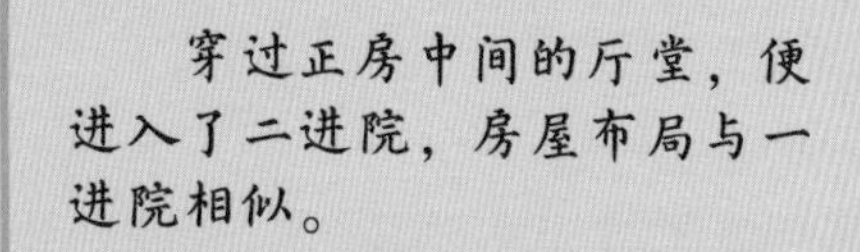

穿过正房中间的厅堂，便进入了二进院，房屋布局与一进院相似。

一进院房屋布置为厅堂三开间，倒座三开间。各有两座耳房，正房东、西是一开间厢房，房屋皆为两层，楼梯位于主房与耳房的交接部位。

西文兴村是一个柳氏家族村落，相传和唐代文学家柳宗元同宗异脉。

砖木结构

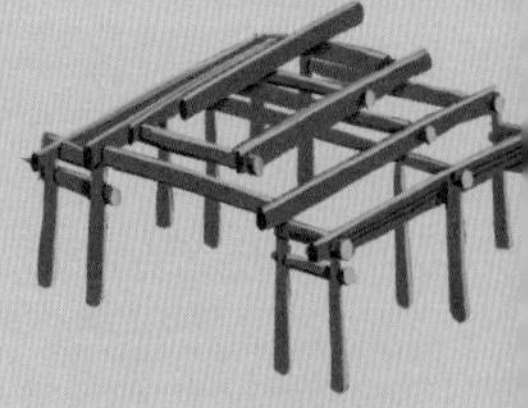

木构框架

砖墙

正面

背面

院内青砖铺地，正房与院子地面高差达到1.5米，站在院子当中，四周建筑高耸，正面逐步抬升的台阶，威严肃穆的感觉油然而生。

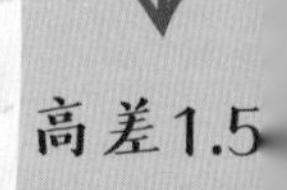

柱础

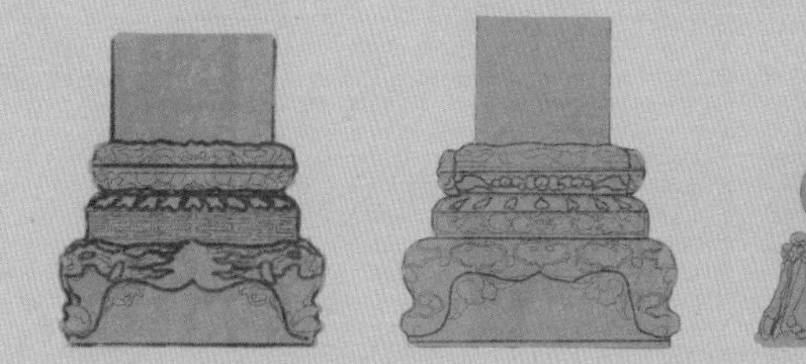

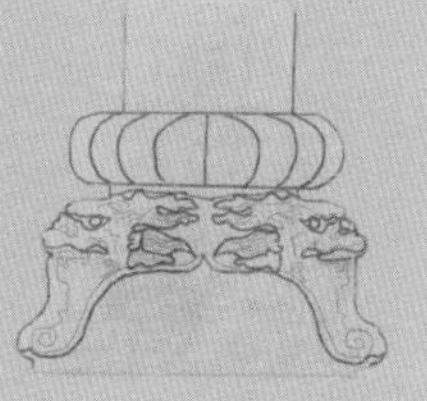
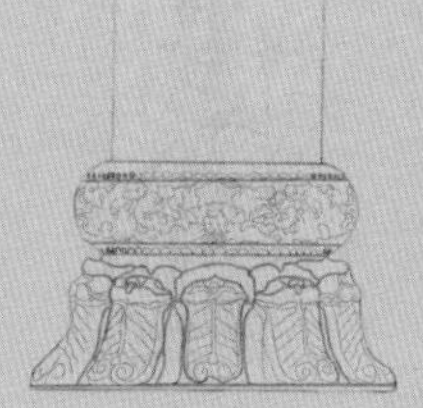

靠山影壁

西厢房山墙上的靠山影壁，是柳氏民居中最大最完整也是最华丽的影壁。

木雕

跃龙门前——鱼身人头木雕

跃龙门后——鱼身龙头木雕

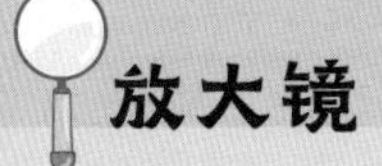

放大镜

山西自古以来便是中原汉族和北方少数民族的贸易集散地，也是中原农耕文明与草原游牧文化沟通的桥梁。当时在这片土地上，产生了许多富可敌国的商人，他们也被称为晋商。那些显赫一时的晋商家族挣钱后，在家乡建造了一座座豪华气派的大宅院，其中有的大宅院保留至今，成为了山西非常有名的旅游景点。

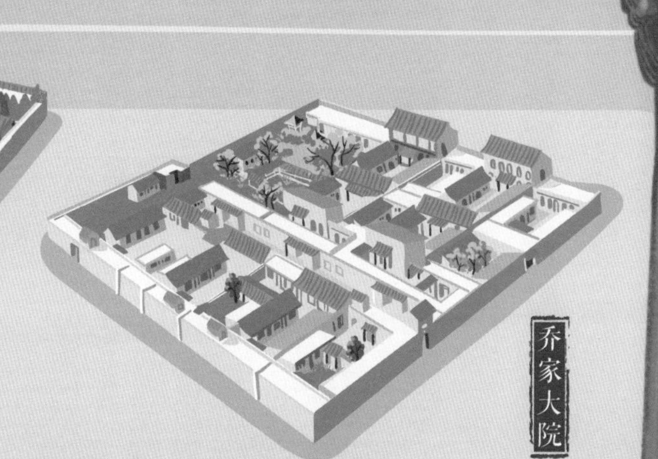

扫描左侧二维码
观看科普视频
聆听绘本音频
欣赏高清图片
市子钱
丝绸坊

银子市街住宅

——前店后宅式的商用民居

位于山东省淄博市周村银子市街的住宅是山东商住民居的典型代表。明末清初时，周村已成为商业名镇，与中国南方的佛山、景德镇、朱仙镇齐名，成为无水路相通的全国四大旱码头之一，民间流传有“山东一村，直隶一集”的说法，丝市街、银子市街、绸市街、棉花市街等以行业命名的街道有36条以上，这在全国也并不多见。银子市街住宅是大德通票号旁的一所民居，这条街巷由其名称可见，原是周村的金融街，街道两旁开满银楼票号，热闹非凡。

分布区域：山东省淄博市
材料结构：土木砖结构
建成年代：明末清初
主要特点：前店后宅，实用性强

这栋宅院位于街道的西侧，坐西朝东，上下两层。由于沿街的门面寸土寸金，所以院落沿街面阔较小，但纵深较大，面阔长不到10米，进深却有三进院落，接近40米，其中一进院落作为商铺使用，后面的二、三进院落则是住宅。

主人在建宅时，充分考虑了建筑的实用性，商业、居住按照使用功能不同做到内外有别，避免不必要的铺张和浪费。

北

正房

二进前院

二层

一层

一进院落作为商用，在整栋住宅中规制最高，最为华丽，沿街一侧共有两层，规整开敞。

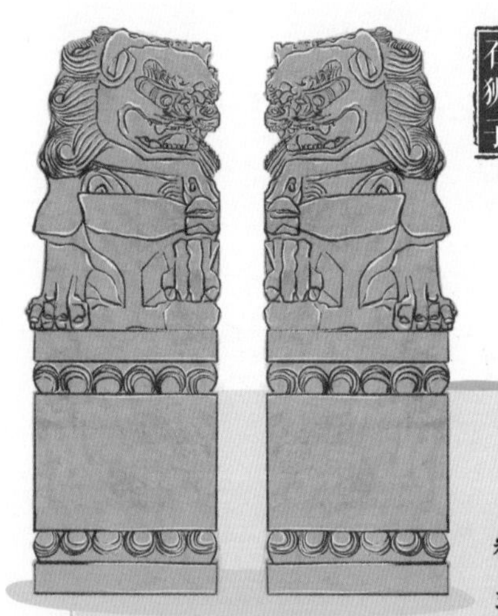

石狮子

门前两侧摆放有一对雕刻精美的小石狮子，梁架满绘苏式彩画，吸引招揽顾客，商业味道很浓。

苏式彩画

戗檐

朝向街面的一侧两层均为隔扇门，天气好的时候可全部打开，通透敞亮。

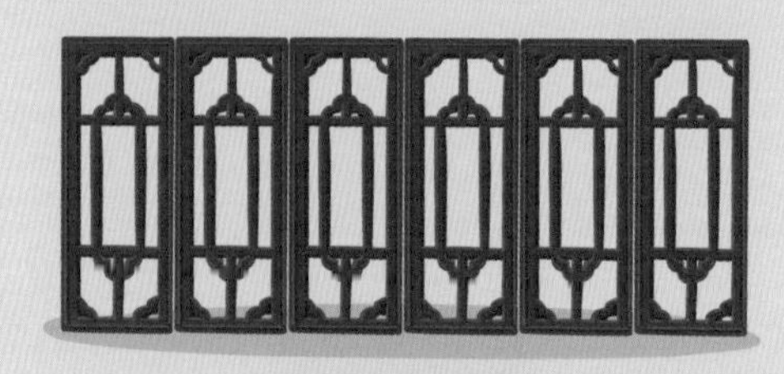

二层窗扇

一层门扇

沿着店铺北侧的通道往里走，就是住宅的前院。整个院落窄仄、封闭，正房作为住宅的公共活动空间，前后均开门，是住家主人接待来客、日常起居的主要空间。

后面的住宅建筑为砖木结构，较前面商铺结构更为简单，木质的花格门窗也比铺面的简单了许多，属于传统的北方民居做法，保温、防御性都很强。

戗檐以浅浮雕装饰，是一种砖雕。

历史人物课堂

乔致庸（1818—1907年），山西祁县人，乔家第四位当家人，清朝末年著名晋商，人称“亮财主”。他于同治初年耗费重金扩建祖宅，修建了著名的乔家大院，被专家学者誉为“清代北方民居建筑的一颗明珠”。

前店后宅式的商用民居

银子市街原是周村的金融街，街道两旁开满银楼票号，承办汇兑业务。

大德通票号为晋商的著名商号，其东家即是知名电视剧《乔家大院》主人公乔致庸。

扫描左侧二维码

观看科普视频
聆听绘本音频
欣赏高清图片

康百万庄园

——传统建筑之瑰宝，民间艺术之典范

康百万庄园始建于明代，地处黄河与洛河交汇处。这个区域被称为“河洛地区”，是华夏文明发祥地之一，河洛文化被称为中华民族的根文化。“氓之蚩蚩，抱布贸丝。匪来贸丝，来即我谋”，春秋时期，北方就有广泛的商业活动。康百万家园所在的巩义市属于郑州市代管，开封古称汴京、汴梁、汴州，是我国古代多个王朝的首都，有着浓厚的商业氛围，也促进了豫商文明的发展。

分布区域：河南省巩义市
材料结构：土木石结构
建成年代：明代
主要特点：布局严谨，规模宏大

放大镜

留余匾

河南有这样一个传统，每年的腊月是讨债的旺季，时至二十八，欠款人在大门贴上对联或门神后，讨债的人就不要强求了，否则会被指责不讲情义。由此可以看出当年河南商人的宽容之心。康百万庄园主厅上方，悬挂一块造型独特的家训匾，也是镇园之宝“留余匾”。上书篆体“留余”二字，是豫商精神的代表。

“忌盈忌满，过犹不及；大巧若拙，满盈则亏；义中求财，财归于义”——康家繁荣昌盛四百年的秘诀就是凡事留有余地，这也是儒家中庸之道的精髓所在。

康百万庄园几经扩建，占地面积多达240余亩（约16万平方米），目前保存下来的有主宅区、南大院等10部分，建筑类型丰富多样，正如后人总结，康百万庄园的建造特点为“靠山挖窑洞，临街建楼房，濒河设码头，据险垒寨墙”。

现存康百万庄园保存最为完整的是主宅区，位于邙山半山腰的一块台地上，视野开阔，是一块“金龟探水”的风水宝地。主宅区里有五大院落，包括老院——花辉重楼、内院——秀芝亭、中院——克慎厥猷、新院——知所止、南院——芝兰茂。其中，中院南北长28.6米，东西宽17.6米，为二进院，是主宅区各院中建造最精美的一个。

石雕

放大镜

民居中的装饰题材丰富多样，主要包括动物类、植物类和人物类题材，这些题材大多具有象征意义。

动物类

人物类

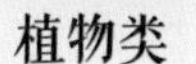

植物类

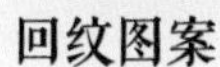

回纹图案

康百万庄园内石雕数量最多，主要集中在汪氏牌坊，以及遍布各房的柱石和门枕石上。砖雕为数也很多，集中在影壁和垂脊上。木雕主要位于屋檐周边的门楣和床柱上。

木雕

门饰

挂落

雀替

砖雕

影壁

垂脊

扫描左侧二维码
观看科普视频
聆听绘本音频
欣赏高清图片

斜仁柱

——鄂温克人的“树干房屋”

斜仁柱民居是居住在贝加尔湖及大小兴安岭地区的鄂温克、鄂伦春族人等森林游猎民族主要的传统居住形式。“鄂温克”意为“住在大山中的人们”。他们以游猎为生，斜仁柱的构造方式正是为了方便狩猎搬迁而产生的。鄂温克部落呈现出“大分散、小聚居”的形式，猎民分布在森林深处且主要集中在固定的几个猎区周围居住。

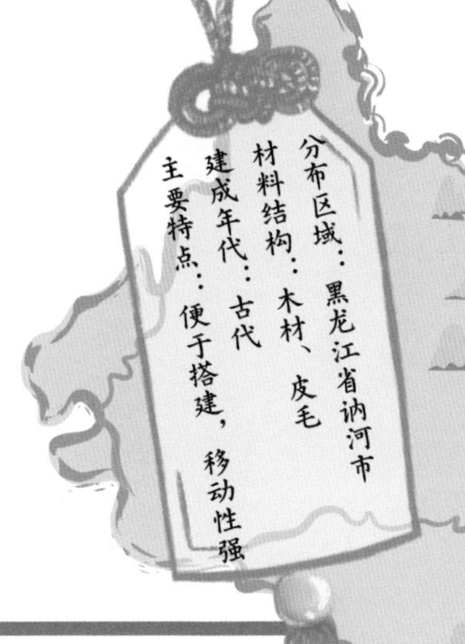

分布区域：黑龙江省讷河市
材料结构：木材、皮毛
建成年代：古代
主要特点：便于搭建，移动性强

地理小拓展

贝加尔湖位于东西伯利亚南部，是世界第一深湖，亚欧大陆最大淡水湖。贝加尔湖古称北海，1996年被联合国教科文组织评为世界自然遗产。

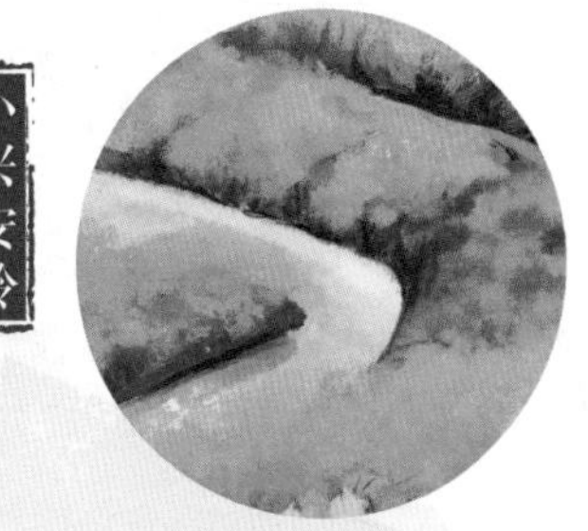

小兴安岭是松花江北边的山地总称，几百里的红松、白桦、栎树等植物，连成一片，就像绿色的海洋。红松总量占全国一半以上，因此有“红松故乡”的美称。

大兴安岭位于内蒙古自治区东北部，黑龙江省西北部，是我国保存较完好、面积最大的原始森林，也是我国重要的林业基地之一。

斜仁柱又叫“撮罗子”或“仙人柱”，由细木杆与树皮或动物皮毛构成，外形呈圆锥形。为了室内冬暖夏凉，斜仁柱的门冬天向南开，夏天向北开。同时，夏季选用桦树皮或树叶覆盖外部，以便遮光通风；冬季换用兽皮或毛毡覆盖，以此抵御严寒。

斜仁柱建造过程

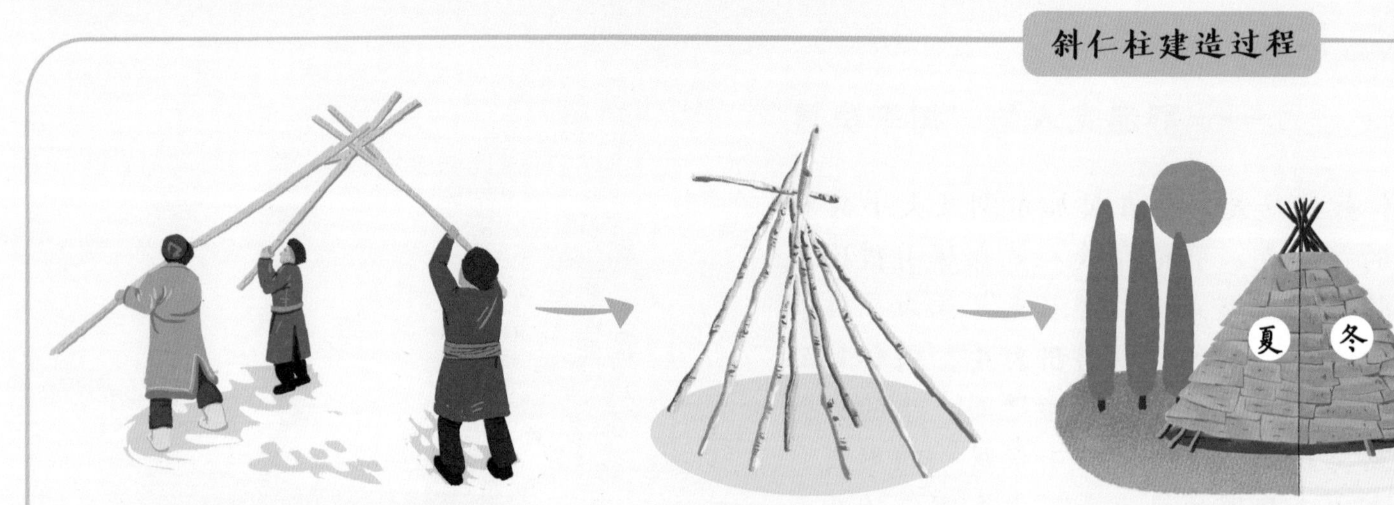

（1）用三根细木杆交叉相互咬合成呈三角形的基础骨架。

（2）依次将细木杆搭在骨架的外围，将顶部用湿柳木条捆扎好。

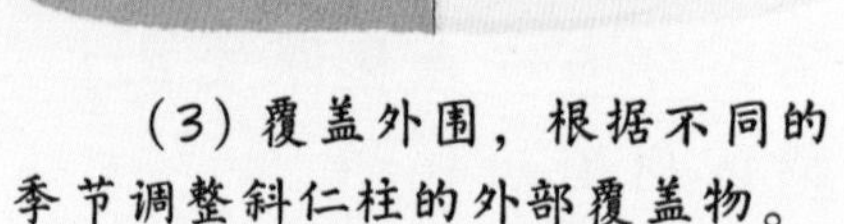

（3）覆盖外围，根据不同的季节调整斜仁柱的外部覆盖物。

（4）搭建房门，斜仁柱整体就搭建完成了。

鄂温克族

鄂温克猎民也被称为鄂温克驯鹿人，是鄂温克族的一部分。长期以来，鄂温克猎民同驯鹿建立了深厚的感情，对待驯鹿就如同对待自己的孩子一样，不但给它们取好听的名字，还给予它们百般呵护。

驯鹿

驯鹿曾是鄂温克猎民唯一的交通工具，被誉为“森林之舟”，它们生长在严寒地区，以食森林中的苔藓为主，在不同季节也会吃一些青草、树叶、蘑菇之类的植物。

鄂温克人每次迁徙时，只会把覆盖物运走，骨架留在原地，这样下次回来时可重复使用。

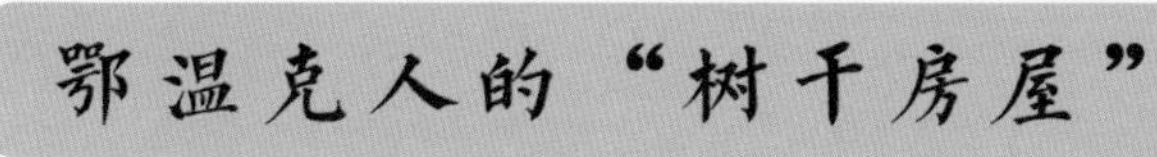

鄂温克人的“树干房屋”

在斜仁柱里，对着门的铺位是“玛路”（正铺），该铺上方悬挂着桦树皮盒，里边装着“博如坎”(神偶)，是供神的地方。玛路只允许家中老年男人和男性客人坐卧。玛路两侧的铺位称作“奥路”。右侧的“奥路”是老年夫妇的席位，左侧的“奥路”是年轻夫妇的席位。

斜仁柱内部结构

斜仁柱内部有奥路、玛路、火塘，顶部在建造的时候会留出一个圆形透空部分。正对着火塘的上方，它既可作为天然烟囱，又可用于室内采光。

斜仁柱内中心空间的形成源于民族对“火”的崇拜。火在鄂温克族人的生产活动中占有非常重要的地位。他们认为火的主人是神、是他们的祖先，所以对火种极为尊重，形成了火崇拜的民族文化。

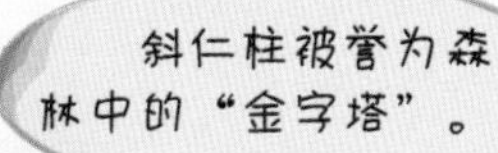

斜仁柱内的“床铺”，有的是用干草和树皮直接铺在地面上，有的则是在约一尺高的森架上铺木杆木板，上铺草席或皮子，这样可以更好地防寒防潮。

烟囱

玛路

奥路

火塘

奥路

火塘被布置在中心位置上，其他室内布置以及人们的室内活动都围绕着火塘进行。

火塘

蒙古包

——绿色绒毯上倒扣的银碗

蒙古包是蒙古族草原地区牧民居住的可移动性房屋。蒙古草原夏季干旱，高温少雨，冬季气压升高，常有暴雪狂风。为了适应极端的自然环境，同时满足草原牧民放牧时搬迁流动的需要，当地人发明了蒙古包。它便于移动，易于拆装，逐步成为了草原地区最主要的居住形式。

分布区域：内蒙古自治区
民居结构：穹庐式
建成年代：匈奴时期
主要特点：易拆易装，便于搬迁

祭火

蒙古人视火为生命与兴旺的象征。在草原上，火神是诸神中最受尊敬的神。蒙古人要在每年腊月二十三举行祭火活动。

献哈达

献哈达是一项高贵礼节。献哈达时，献者躬身双手托着递给对方，受者亦应躬身双手接过或躬身让献者将哈达挂在脖子上，并表示谢意。

飞马

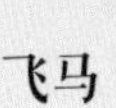

凤凰

双龙戏珠

蝙蝠

花瓶

大的包门顶部设有小窗，蒙古人用飞马、凤凰、花瓶等吉利图案对其进行装饰。

蒙古包顶部盖有毛毡，常描绘有双龙戏珠、蝙蝠、聚宝盆及蒙古族喜爱的其他图案。

聚宝盆

门槛是户家的象征，所以进蒙古包的时候不能踩门槛，必须要跨过门槛进去。

蒙古包的建造

（1）画圈 → （2）固定 → （3）包裹 → （4）完成

在选好的平地上画出直径约4~6米的圆圈。

哈那 哈那为特制的木架，具有伸缩性，是蒙古包围栏支撑构件。

陶脑 陶脑为顶部开设的透气天窗。在陶脑四周安装乌尼杆，整体形成伞形支架。

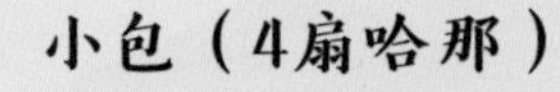

乌尼杆 乌尼杆为细长的木棍，是蒙古包的“肩膀”，其长约2~3米。

包顶需覆盖2~3层羊毛毡，天窗再加盖一块四方形的羊毛毡。

四合包完成！

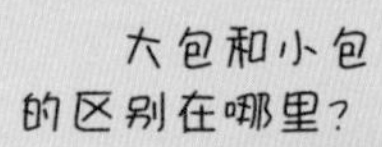

大包和小包的区别在哪里？
数一数哈那就知道了！

小包（4扇哈那）

大包（12扇哈那）

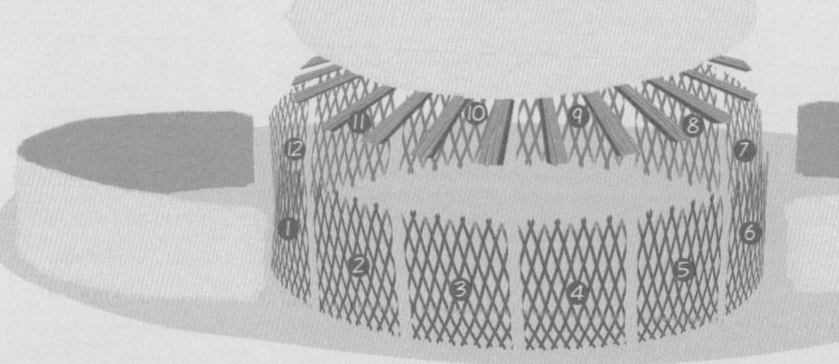

哈那数量越多，代表主人的财富越多，身份地位越高。

进来看看蒙古包内部吧

绿色绒毯上倒扣的银碗

蒙古人认为坠绳是保障蒙古包安宁、保存五畜福分的吉祥之物。

红漆彩绘木柜

佛龛和佛像

毡毯

火撑子

蒙古人崇拜代表安全和温暖的火。因此，火在中心位置。

蒙古包内通常铺有很厚的毡毯，以防潮湿。地毡上摆放矮腿的雕花木桌。

包门通常开在东南方向，这样既可以避开西伯利亚的强冷空气，也沿袭着以日出方向为吉祥的古老传统。

蒙古包门的两侧会悬挂牧人的马鞭、弓箭、猎枪等用具。你认得它们吗？

蒙古族住房以西为大，西侧为家中主要成员的座位和宿处，东侧一般为次要成员座位和宿处。

179号地坑院

——进村不见人，见树不见村

179号地坑院位于陕西省咸阳市长武县丁家乡镇十里铺村。陕西省咸阳市曾是大秦帝国的都城。十里铺村地处黄土高原的中部，为适应干旱气候，节省建筑材料，降低施工难度，当地百姓创造了地坑院这一独特的窑洞民居形式。这种民居建筑是从平地上向下挖一个很深的四方形土坑作为内院，再从院落四边开挖若干窑洞形成。地坑院巧妙地解决了当地防风沙、抵御盗匪两大难题。

尽管位于地面之下，地坑院民居依然呈现出北方传统合院民居的特色，179号地坑院建于二十世纪二三十年代，其面宽约23米，进深约16.5米，院落朝向微偏北的东方。

北

当地人常在地坑院上方的平地上大面积晾晒谷物。

庭院

黄土井

坡道的尽头，会设置一座影壁，防止大门打开时，院内被外人一眼看穿。

大门

黄土井

院内有一口极深的黄土井，为防止家中儿童在院内玩耍不慎坠入，井口砌筑得非常窄。

从黄土井打上来的水比较浑浊，需要放置沉淀很久，才能供人畜饮用。老百姓通常在井口附近放置多个水缸，在打上来的井水中放入明矾，留出用水的时间差，让水有充分时间沉淀杂质。

水缸

斜坡上会修建一座形似北方四合院的坚固大门，并且对它进行一定的装饰。

枣树

柿子树

庭院内通常会种植一些吉祥寓意的果树，如象征人丁兴旺的枣树，比喻仕途顺利的柿子树等。每当气候适宜的时候，一家人就会在庭院中间团聚，同坐树下、闲话家常，共享惬意而温馨的时光。

进村不见人，见树不见村

中国传统民居的居住礼仪讲究长幼有序，主朝向的四间主窑是长辈生活起居的地方，一般多为父母或祖辈居住。主朝向两侧的厢窑通常为子女卧室，并会设置厨房、储藏间等。庭院东侧崖壁有一间倒座窑朝向西北，通常用来存放杂物，饲养家禽家畜，或开设厕所等。

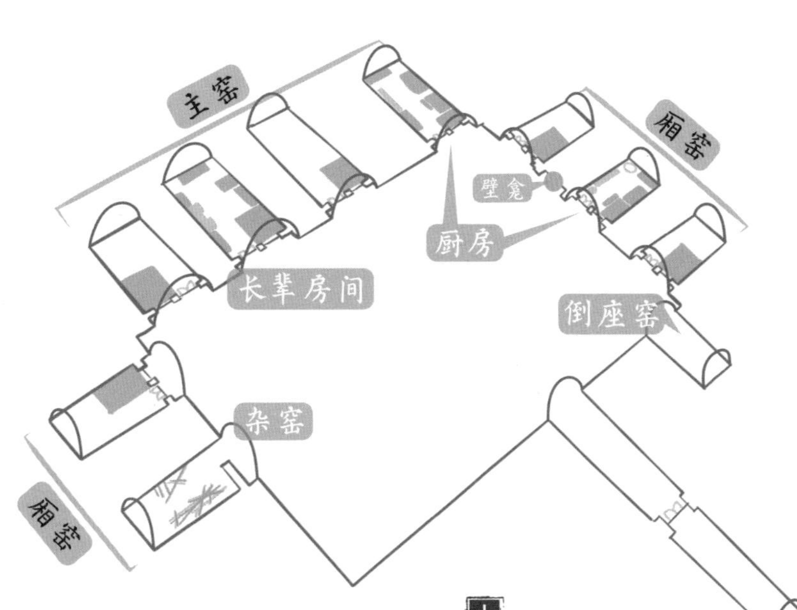

这样巧妙的设计，水井既不占用庭院空间，减少路过时的磕碰，又提升了井口高度，提高了使用上的安全性。

壁龛

厨窑一侧的窑腿上（即两座相邻窑洞之间的实土部分），还专门挖设了一个壁龛，在龛内土台上打井，这样离它不远的两座厨窑，用水都很便捷。

小龛

摇绳的轱辘上方有一个十分迷你的小龛，专门摆放油灯，为夜晚用水时提供照明。

倒座窑

倒座窑是跟主窑相对的窑洞，通常坐南朝北。

其他窑洞

窑洞是黄土高原上一种特殊的居住形式，也是人类“穴居”发展演变的实物见证。窑洞一般分为独立式窑洞、靠崖式窑洞和下沉式窑洞（地坑院）三种类型。

独立式

以砖或土坯在平地砌筑的窑洞形房屋。

靠崖式

背靠土崖挖掘出的窑洞。

下沉式

向地面以下挖掘出来的窑洞。

分布区域：宁夏回族自治区吴忠市
材料结构：砖木结构
建成年代：民国时期
主要特点：规模浩大，装饰精美

马月坡寨

——宁夏典型回族民居

马月坡寨位于宁夏回族自治区吴忠市利通区东塔寺乡柴园村，是民国时期，回族商人马月坡的私宅，始建于20世纪20年代，至今已有近100年的历史。“大漠孤烟直”是唐朝诗人王维在《使至塞上》对宁夏边塞地区的描述，这里地处西北内陆干旱地区，水资源匮乏，而马月坡宅院所在的吴忠市却因黄河穿过而被称为“塞上江南”，拥有大量湖泊湿地，风景胜似江南。

回族，是我们最熟悉的众多少数民族之一。

西汉时期，丝绸之路开通，一批信仰伊斯兰教的中亚各族人及波斯人、阿拉伯人随之进入中国进行商业贸易活动，他们在这儿一住就是十几二十年，与当地人逐渐融合成一个民族共同体，回族就这样慢慢形成了。因此回族在饮食习惯、服饰装饰、成年仪式、节日等习俗上，都有着浓厚的伊斯兰教色彩。

初建的马月坡寨是一座住宅堡寨，占地面积很大，四周是用黄土夯筑起的高大寨墙，南侧正中设置寨门，门楣上置镶刻“耕读传家”字样的匾额。由于缺乏足够的保护，现在的马月坡寨子只剩下一个三合院了。整个堡寨占地10.88亩（7200多平方米），寨内建筑布局分前后院，前院占地约4500平方米，空旷似广场，后院为分东、中、西的三合院。

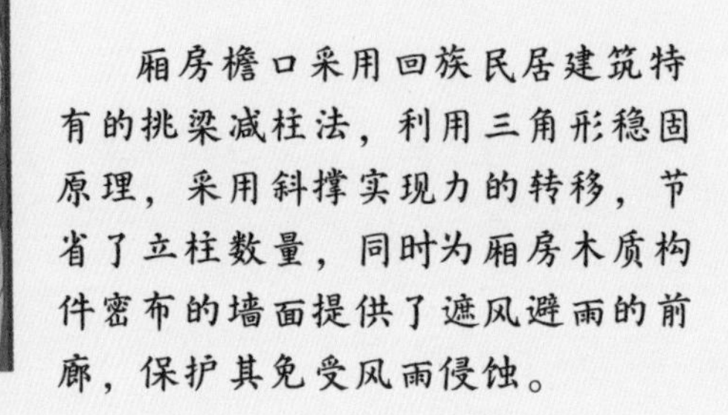

厢房檐口采用回族民居建筑特有的挑梁减柱法，利用三角形稳固原理，采用斜撑实现力的转移，节省了立柱数量，同时为厢房木质构件密布的墙面提供了遮风避雨的前廊，保护其免受风雨侵蚀。

正房金柱和廊柱之间形成了净宽1.2米的前廊，可以遮风避雨，并彰显主人身份地位。

放大镜

现在马月坡宅院已改建为回商文化陈列馆，展示着以马月坡家族为代表的民国商人努力奋斗、艰苦创业的历史。仅存的三合院是当时马月坡和两个妻子的住所，三合院坐北朝南，院落平面呈长方形，东、中、西三个院落一字排开，共有上房7间，东西厢房10间。

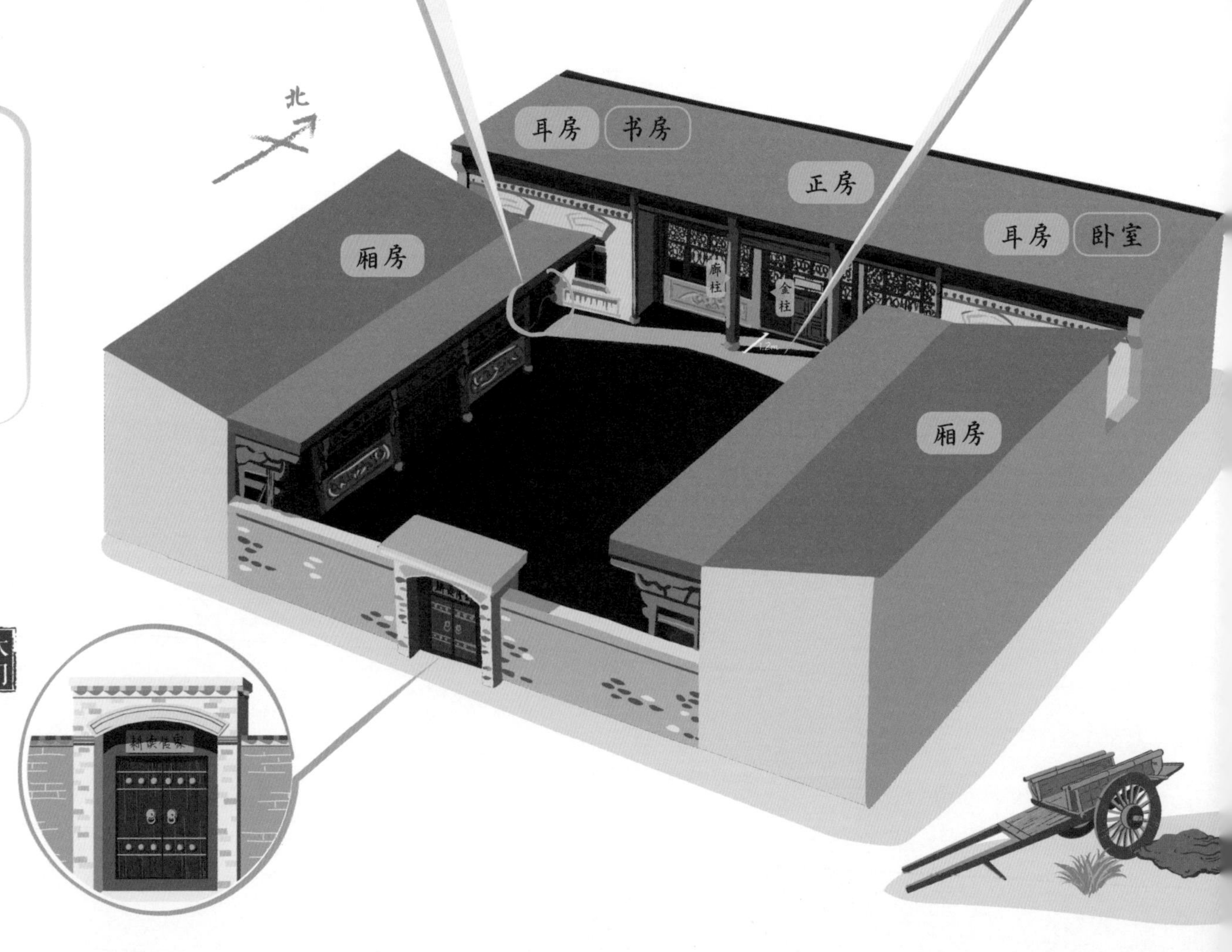

历史人物课堂

马月坡本名马占元，自幼跟随父亲从事工商业，青年时开创商号“福兴奎”，收购宁夏特产运往河北、内蒙古、京津等地区，并带回绸缎、瓷器等日用百货。“福兴奎”当时为吴中地区八大商号之一。

马月坡寨的门窗很有特点，以
正房当心间为例，自下而上分为三
层，布满花窗。最上一层开横窗，
中间一层开竖窗，下层开双扇门。
正房共计63格窗，东西厢房共78格
窗，这些数字都是“3”的倍数，
是回族喜爱的数字。

放大镜

民居的装饰既要有艺术感染力，又要经济节约、突出重点。所以装饰常常放于房屋最明显的位置，如大门入口、墙面、栏杆等处。还有的装饰专门用来遮挡不好看的地方，如坡面屋顶的连接处——屋脊，经过恰当装饰后就显得更加美观了。

木雕

木材重量轻、纹理丰富美观、加工相对容易。木雕种类多样，有线雕、浮雕、透雕等，多用于门窗、梁架、家具等处。

石雕

石材坚硬、耐磨又防水、防潮，因而多用作民居中需要防潮和受力的构件，如台阶、柱础、栏杆等。

砖雕

砖块由黏土烧制而成，价格便宜且经久耐用，还有防火、隔热、隔声、吸潮等优点。主要用于门楼、山墙、照壁等处。

正房当心间

宁夏美食

馓子

羊肉枸杞芽

茴香饼

扫描左侧二维码
观看科普视频
聆听绘本音频
欣赏高清图片

分布区域：新疆维吾尔自治区和田市
材料结构：砖木结构
建成年代：不详
主要特点：维吾尔族风情，装饰丰富

木那阿吉姆

——新疆典型维吾尔族民居

木那阿吉姆住宅位于新疆维吾尔自治区和田市，是典型的和田维吾尔族民居。维吾尔族信奉伊斯兰教，尊重长者、热情开朗、能歌善舞、讲究礼仪。他们喜爱鲜艳色彩、注重整洁卫生，常用繁花图案装饰住所。和田市是维吾尔族主要聚居区之一，它是中国西部地区重要城市，也是丝绸之路南线上的一颗明珠。和田市干热、少雨，且维吾尔族居民热爱户外活动及聚会，因此在建设住宅的时候，公共空间必不可少，而且种类繁多，以适应不同时间、场景、天气的需要。

木那阿吉姆住宅建造于1880年前后，是非常传统的维吾尔族民居形式。宅院总占地面积3800多平方米，包括一个不规则的果园以及坐落在果园中的民居建筑。住宅建筑面积436平方米，其中扩建部分为156平方米（右前侧的围廊式客室建筑）。扩建后的建筑面积更大，布局也更加合理疏朗。

主体

厕所

畜厩

柴草房

围廊式客室

赛乃

庭院

建筑内墙和朝向赛乃、外廊的墙上砌有壁龛及龛式炉，用于储存物品及烹饪、取暖。

壁龛

壁龛是维吾尔族民居中的一大特色，本身可以装饰墙面。维吾尔族民居内家具少，壁龛可以放瓷器、铜器和其他的生活用具，大的壁龛甚至都可以放置衣被。

赛乃

赛乃为开敞式房间，内置土炕，炕面进深达6.4米，与新建的围廊式客室形成“┓”形，半围合出一小块庭院，作为完全开放的室外活动场地。

束盖

“束盖”是一种外形似炕，但是实心、不能加热的土炕。由于维吾尔族人经常盘腿而坐或跪坐，通常会在室内外、庭院或果园的葡萄架下，设置这种“束盖”。它既能用于睡觉又是日常活动的地方，还起到限定功能区的作用。

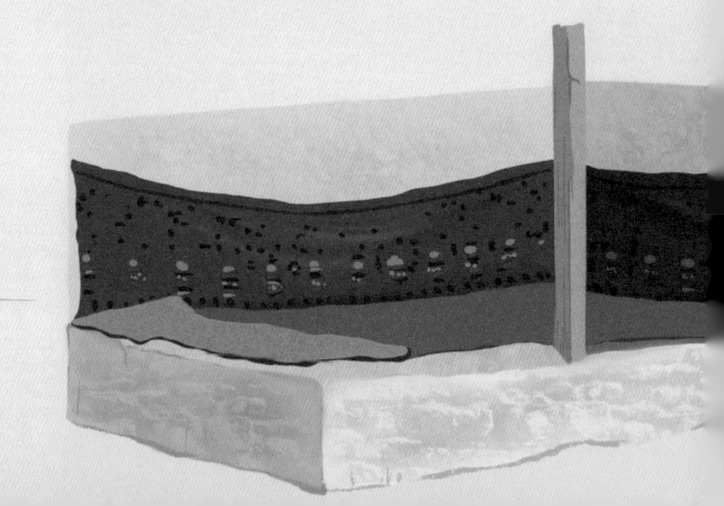

维吾尔族人的居室并不分上下等级，但是在不同功能的房间中，客室和公共空间始终是最重要的。阿以旺，相当于我们现在的客厅，为家用室内活动场所，与赛乃仅用花棂木隔扇隔断。由于维吾尔族人喜欢丰富的色彩，因此建筑窗棂和门框也是装饰的重点。

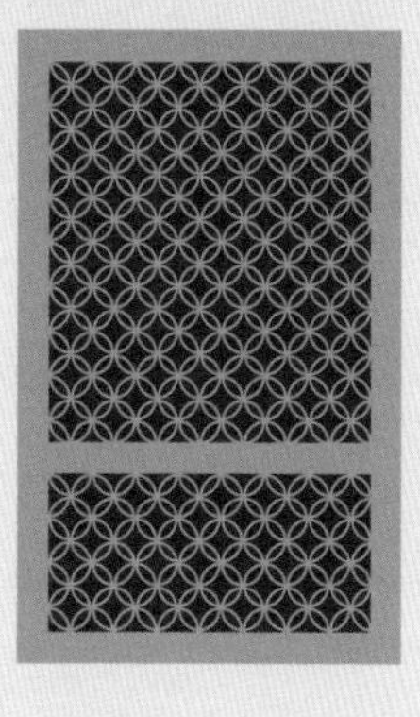

阿以旺

“阿以旺”在维语中是“明亮的处所”的意思，是维吾尔族人的“客厅”。

维吾尔彩绘

受中亚文化审美影响，维吾尔族彩绘纹样精美繁复。

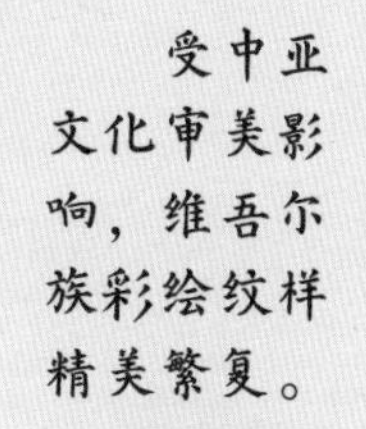

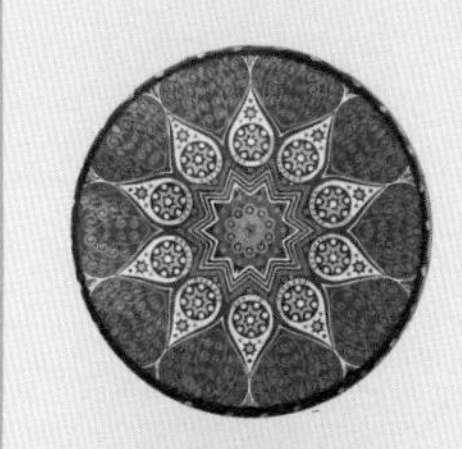

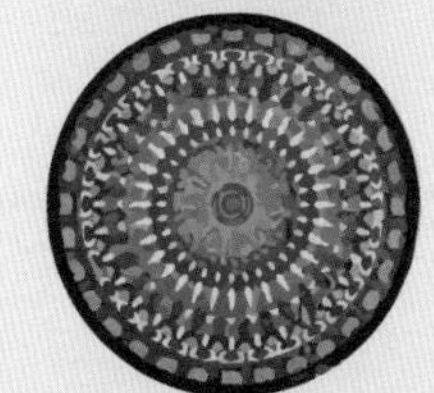

民居装饰十分丰富，尤其在木构件的装饰处理上更加突出。当地人主要在室内墙面（壁龛、壁台、龛式炉处为重点）及柱梁檩（主要在外廊拱券、阿以旺）处做雕刻或石膏刻花，富裕人家还会用彩绘对民居进行装饰。

新疆美食

馕包肉

烤包子

维吾尔族民居院落内还会专门砌筑独立的馕坑，用来制作维吾尔人最喜爱的主食——馕。

扫描左侧二维码
观看科普视频
聆听绘本音频
欣赏高清图片

分布区域：青海省果洛藏族自治州
材料结构：石木结构
建成年代：宋代
主要特点：聚合而居，防御性强

班玛碉楼

——石头砌筑的塔楼之家

碉楼位于青海省果洛藏族自治州班玛县灯塔乡科培村。班玛，藏语意为“莲花”。班玛县在历史上部落众多，因为既要对抗恶劣的自然环境，同时也要抵御部落之间的械斗，所以班玛地区的村落民居通常呈组团状，聚合而居，这样既有利于防卫外来敌人侵略，又便于内部信息的传播。

班玛碉楼建筑占地面积约为100平方米，分为三层：一层为入口空间及牲畜棚；二层为主室、卧室、储藏室等空间；三层为经堂、储粮空间和晒台。班玛碉楼的门窗洞口较小，底层和北墙均不开窗，在二层设转角窗，以便获得更长的日照时间。

碉楼的墙体由片石穿插搭接而成。大部分墙体会在内部嵌入木条用以加固。内部各楼层之间用可以拆卸的独木梯衔接。晚上主人睡觉时便把独木梯收起来，这样外来者很难从一层爬到二层。

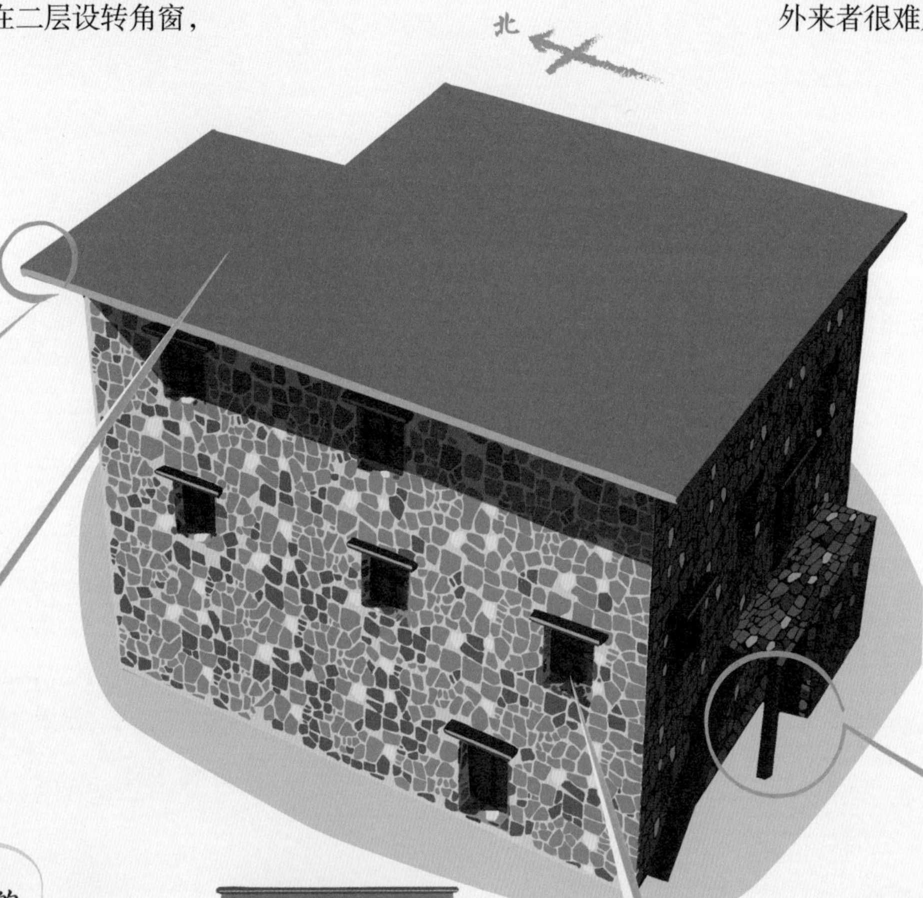

北

建筑三层的屋顶结构通常会挑出墙体外0.8～1.2米，以防止雨水侵蚀墙体及下层露在外部的木结构。

平顶的作用颇多，一是晾晒粮食；二是堆放粮食和草料；三是用来观察瞭望。

独木梯是班玛碉楼独具特色的建筑构件，不但可以解决各层之间的垂直联系，同时还具有较强的防御功能。

独木梯

牦牛等牲畜是藏民财产中主要的一部分，长久以来，藏民习惯了人与家畜分层居住。碉楼一层是封闭牲畜棚，同时也用来储藏木材、牛粪等材料。

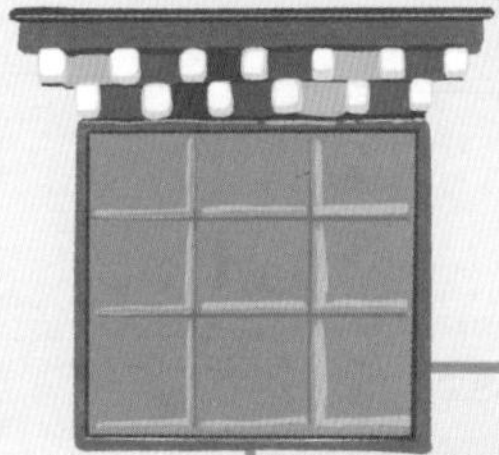

牦牛

窗框上方设置凹凸有序的木块，并涂以红、绿、黄、蓝、白五种颜色。

二层的主室为碉楼中最重要的空间，主室中央设有火炉，家具沿墙环绕布置，当地居民日常休息、起居均在主室中进行。卧室会设置在南向或北向，室内家具布置较简单。

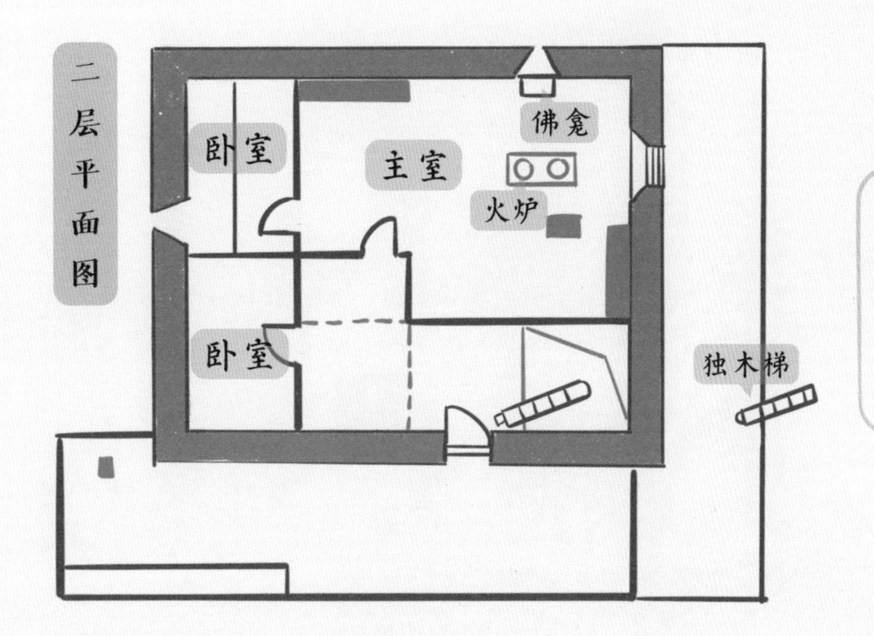

放大镜

当地人开工建宅前，都会请喇嘛前来诵经，测算出建房程序中各个仪式的时间，以保佑家宅的平安。

喇嘛诵经

藏族碉房类型

碉房是藏族最具代表性的建筑，是藏族文化的重要组成。藏族碉房按外形可分为：碉楼式碉房、碉塔式碉房、院式碉房和独立式碉房。

碉楼式碉房一般为二三层，四周高墙封闭，这是当地藏居的主要形式。

碉塔式碉房是在二三层碉房之上突出两三个房间，多作经堂、佛堂，其上做坡屋顶，顶点呈塔状。

院式碉房以碉房为主体，前面或三面砌院墙，形成封闭院落，沿墙布置牲畜圈、杂用房及佣人房。

宗教装饰品

藏族民居深受藏传佛教影响，大部分装饰构件都与宗教信仰有关，较为常见的有：风马旗、玛尼石刻、经纶等。

分布区域：西藏自治区拉萨市
材料结构：石木结构
建成年代：明代
主要特点：封闭敦实，装饰性强

嘉日孜庄园

——藏族传统建筑中的一颗明珠

拉萨市是西藏自治区的首府，位于青藏高原中南部，海拔3650米，是世界上海拔最高的城市之一。全年日照时间在3000小时以上，素有“日光城”的美誉。哲蚌寺位于拉萨市西郊更丕乌孜山下的山坳里，三面环山，是藏传佛教最大的寺庙，其中洛色林札仓是四大札仓（僧院）中最大的一个，札仓的僧人人数也是全寺最多的，嘉日孜庄园是哲蚌寺洛色林札仓下辖的小型庄园。

嘉日孜庄园建在一片北高南低的缓坡上，坐北朝南，是一栋二层的石木结构建筑，墙体会有小小的斜坡，上窄下宽，外观看起来封闭敦实。

受几千年生活习惯和宗教传统的影响，西藏建筑中常用白、红、黑三种颜色，体现了世界的三层——天上、地上、地下。

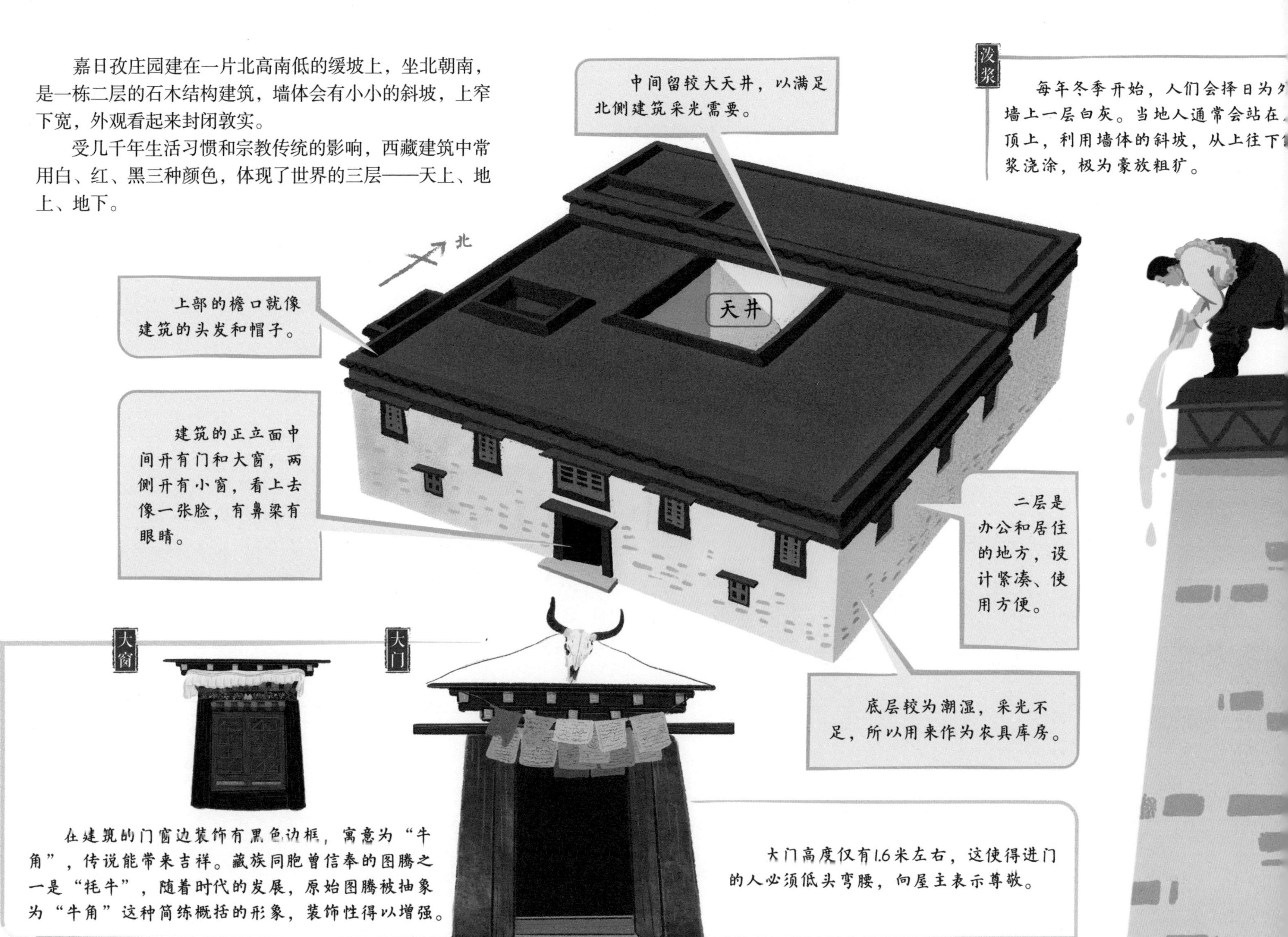

泼浆
每年冬季开始，人们会择日为外墙上一层白灰。当地人通常会站在顶上，利用墙体的斜坡，从上往下浆浇涂，极为豪放粗犷。
中间留较大天井，以满足北侧建筑采光需要。
北
天井
上部的檐口就像建筑的头发和帽子。
建筑的正立面中间开有门和大窗，两侧开有小窗，看上去像一张脸，有鼻梁有眼睛。
二层是办公和居住的地方，设计紧凑、使用方便。
底层较为潮湿，采光不足，所以用来作为农具库房。
大窗
大门
在建筑的门窗边装饰有黑色边框，寓意为“牛角”，传说能带来吉祥。藏族同胞曾信奉的图腾之一是“牦牛”，随着时代的发展，原始图腾被抽象为“牛角”这种简练概括的形象，装饰性得以增强。
大门高度仅有1.6米左右，这使得进门的人必须低头弯腰，向屋主表示尊敬。

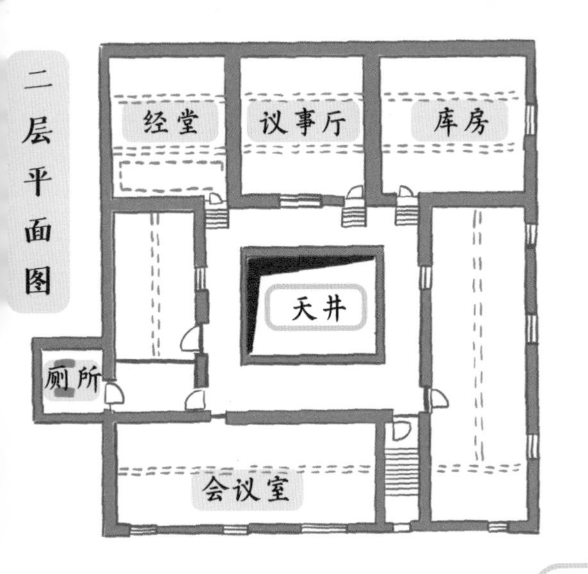

建筑靠北侧有寺庙管理人员会议室、接待房等，并设置一个独立的旱厕。和汉族建筑避免在房间正中设置柱子不同，柱子在藏族传统建筑中是非常重要的构件，当地人用“不穿无领之衣，不住无柱之房”来形容柱子的重要性。所以藏式建筑中多见立柱，并且主人会根据自家财力，在梁、柱子上端及门、窗楣做彩绘，使房屋整体更加精美。

彩绘

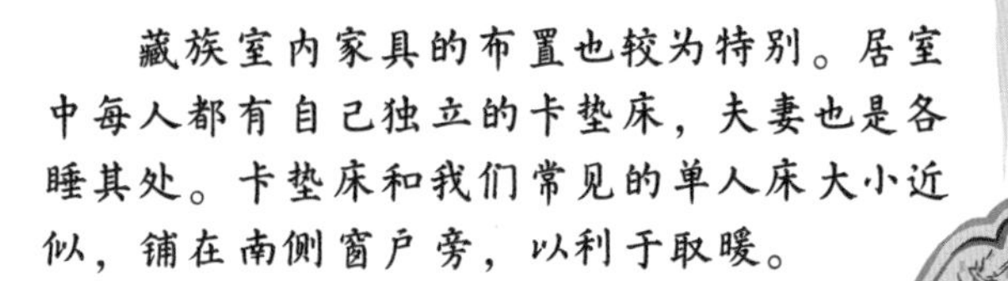

藏族室内家具的布置也较为特别。居室中每人都有自己独立的卡垫床，夫妻也是各睡其处。卡垫床和我们常见的单人床大小近似，铺在南侧窗户旁，以利于取暖。

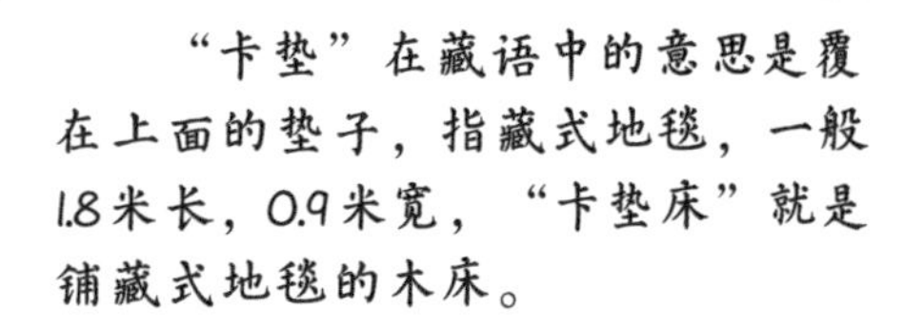

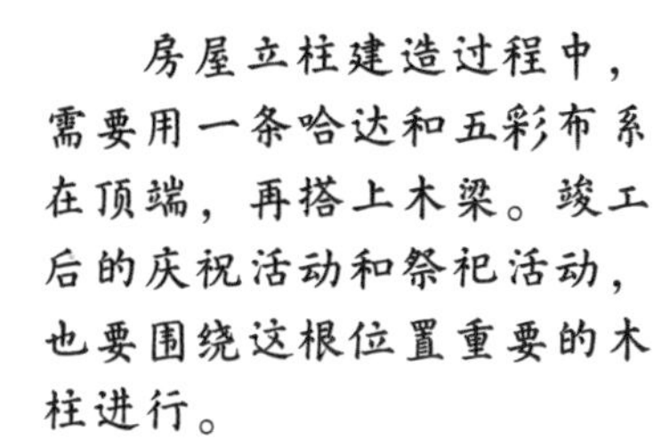

卡垫

“卡垫”在藏语中的意思是覆在上面的垫子，指藏式地毯，一般1.8米长，0.9米宽，“卡垫床”就是铺藏式地毯的木床。

这种卡垫床白天用来垫坐休息，晚上则用来睡觉。

房屋立柱建造过程中，需要用一条哈达和五彩布系在顶端，再搭上木梁。竣工后的庆祝活动和祭祀活动，也要围绕这根位置重要的木柱进行。

本书特别配有线上阅读资源

- **科普视频**　观看讲解视频，了解中国人的家背后的历史、地理、文化等知识。
- **绘本伴读**　聆听绘本音频，忙碌的家长再也不用担心没时间给孩子讲故事了。
- **精美图片**　附赠高清原图，可将其设置为桌面，随时随地领略传统民居之美。

资源获取步骤

1. 扫描下方二维码。
2. 注册出版社会员。
3. 选择您需要的资源，点击获取。

线上问答

1. 扫描下方二维码
2. 关注小鱼科普公众号。
3. 在后台提出您想咨询的问题。
4. 本书创作团队为您详细解答。